永续营境

SUSTAINABLE ENVIRONMENT CONSTRUCTION

彭涛　　主编

图书在版编目（CIP）数据

永续营境 / 彭涛主编 . —沈阳：辽宁科学技术出版社 , 2025.5.
ISBN 978-7-5591-4185-9

Ⅰ . TU-856

中国国家版本馆 CIP 数据核字第 2025125CH4 号

出版发行：辽宁科学技术出版社
　　　　　（地址：沈阳市和平区十一纬路 25 号邮编：110003）
印　刷　者：沈阳丰泽彩色包装印刷有限公司
经　销　者：各地新华书店
幅面尺寸：155mm×230mm
印　　张：15.25
字　　数：300 千字
出版时间：2025 年 5 月第 1 版
印刷时间：2025 年 5 月第 1 次印刷
责任编辑：杜丙旭　赵祎琛
封面设计：何　盈
版式设计：何　盈
责任校对：康　倩

书　　号：ISBN 978-7-5591-4185-9
定　　价：218.00 元
联系电话：024-23280070
邮购热线：024-23284502
http://www.lnkj.com.cn

本书编委会

主编

彭涛

编委

赖文波	闫邱杰	侯泓旭
何盈	符益东	梁慧敏

前言

为什么是永续营境

一、城市之梦，生态之思

30 余年前，我怀揣着对城市规划的热忱与理想，踏上了这条充满挑战与机遇的职业道路。当时的中国，城市化进程正加速推进。高楼大厦如雨后春笋般拔地而起；城市面貌日新月异，处处洋溢着发展的活力。

作为城市规划与景观设计师，我始终站在城市与自然之间，试图寻找两者之间的平衡，为人类的未来营造一个既美丽宜居又可持续发展的生活环境。我见证了城市化发展带来的繁荣，同时也亲历了自然环境的退缩与失衡。大楼越建越高，交通网越织越密，功能越加越多。但在这样的繁荣背后，却有一些东西悄然远去——那清澈见底的河水、高低错落的绿植和沁人心脾的清新空气，人与自然的关系似乎越发疏离。

每当面对一片待开发的土地，站在空白的规划图前，我都会问自己：我们究竟要为未来创造怎样的环境？这个问题推动我不断探索人与自然和谐共处的方式。经过 30 多年的实践与思考，永续营境的理念逐渐成形，这也是我写此书的初衷。

二、永续之道，营境之术

有一次在古镇考察时，我看到百年老树与粉墙黛瓦相映成趣，小桥流水与街巷院落浑然一体。这种和谐让我意识到，城市规划不应是对自然的征服，而应是与自然的对话。《永续营境》的核心理念正是如此——在城市发展与生态保护之间找到平衡，构建一个可持续发展的人居环境。

"永续"意味着长久持续、生生不息。它体现了可持续的核心理念——在满足当代人需求的同时，确保后代也能享有同等的发展机会与资源。这种持续性不局限于某个领域，而是涵盖经济、社会和环境等多个维度，追求全面、和谐且持久的发展模式。"营境"中的"营"具有营造、经营之意，"境"则代表环境与境界。"营境"可以理解为通过精心规划和持续地经营，创造出特定环境或状态。它既包含了物质层面的空间与设施，也涵盖了精神层面的文化氛围。这种环境是主动塑造与积极构建的成果，是物质与精神、现实与理想的融合体。

"永续营境"作为一种发展理念，与联合国提出的可持续发展目标（SDGs）高度契合。它强调经济、社会与环境的协调发展，通过系统规划和长效管理，致力于打造可持续的宜居环境。这一理念不仅关注当下，更着眼于未来，旨在实现人与自然的和谐共生，为全球未来发展提供中国智慧与实践路径。

三、营境之道，多维共生

在书中，我将"永续营境"的理念拆解为3个维度，即永续生态、怡人生境和经营思维。3个章节，它们之间彼此联系、相互支撑。"永续生态"是基础，它为"怡人生境"提供了良好的自然环境基础；"怡人生境"是目标，它体现了"永续生态"的价值和意义；"经营思维"是手段，它为实现"永续生态"和"怡人生境"提供了经济和社会支持。

四、永续生态，自然共生

"永续生态"一章探讨如何在城市规划和景观设计中尊重自然规律，保护生态多样性，将城市构建成一个能够自我调节、可持续发展的生命体。

这需要重新审视人与自然的关系，将自然视为城市的"呼吸系统"，而非简单的"装饰品"，并将生态智慧融入城市规划，实现自然与城市的真正共生。从雨水花园、海绵城市建设到生态廊道构建和生物多样性保护，每一个细节都直接影响着城市的可持续发展。只有将这些生态理念融入城市规划的各个环节，才能为城市打造一个健康的"肌体"，使其充满活力，生生不息。

五、怡人生境，诗意栖居

"怡人生境"一章聚焦如何创造更宜居、更舒适的人居环境。城市不应是钢筋水泥的森林，而应是充满生机与活力的家园。如果说"永续生境"是城市的"骨骼"，那么"怡人生境"便是城市的"魂"。它关乎人们在城市中的情感体验与生活质量。城市空间不仅要满足功能需求，更应成为情感寄托和幸福感来源的场所。这种空间可以是公园绿荫下的休憩与交流，也可以是温馨的家庭港湾；可以是城市肌理中流淌的文化传承，也可以是不同年龄、背景的人和谐共处的包容性空间。我们需要的不仅是宜居，更是怡人的城市空间，更是一个能够激发创造力、带来幸福感和归属感的活力空间。

六、经营思维，全局视野

设计不仅是一门艺术，更是一种思维方式。在城乡规划和景观设计中我深刻体会到，设计的价值不仅在于图纸上的美感，还在于它能否在现实中落地并持续产生长远的影响。因此，在"经营思维"一章中，我结合了多年实践经验，提出"全链条运营"理念，强调设计须具备长远的视野，像经营企业一样，统筹经济、社会和环境效益，推动城乡的可持续发展。

规划设计师不仅是"造梦者"，更是"经营者"。我们需要通过系统化的思维，将规划设计与运营、生态保护和经济发展有机结合，探索如何将生态价值转化为经济价值，实现社会效益与环境效益的共赢。只有这样，城乡空间才能真正实现长久的繁荣与健康发展。

七、永续共生，未来之境

我们身处一个充满挑战的时代。气候变化、人口老龄化和数字化转型等全球性问题迫切需要解决。在此背景下，城市规划与设计领域也需要在传承中寻求创新，在变革中谋求发展，以应对这些挑战。正是在对这些挑战的思考中，本书应运而生。这本书既是对过去 30 年职业生涯的总结与回顾，也是对未来城市发展方向的探索与展望。"永续"是我们的目标，"营境"是实现目标的方法。这本书的核心思想在于我们不仅要保护自然，更要重新定义人与自然的关系。未来的城市应当是一个人与自然、生态与经济、传统与现代和谐的"共生体"。

我深知实现这一愿景并非易事，但每个微小的改变都是通向可持续发展的重要一步。希望本书能起到抛砖引玉的作用，激发更多人对可持续发展的思考与行动，为构建美好人居环境贡献一份力量。这本书的创作初衷是为年轻的规划设计师提供一些思考的维度，与城市规划和景观设计领域的同行分享经验与启示，共同探索未来城市发展的方向。同时，我也希望它能唤起更多人对城市生态的关注。最终，形成多方参与的韧性城市实践共同体。

八、感恩同行，永续之路

在本书的写作过程中，我得到了众多同人的支持与建议，在此深表感谢。同时，也特别感谢那些给予我灵感的城市与自然，它们在宏观上启发了我对规划设计本质的深入思考。同时，感谢家人的理解与支持，让我得以专注于专业探索。

这本书既是经验的总结，也是对城市规划设计未来的思考。希望它能成为连接过去与未来的桥梁，为营造更美好的人居环境提供启发。无论你是城市规划师、景观设计师，还是普通的城市居民，我都期待与每一位读者通过这本书展开对话，从中找到共鸣与灵感。未来的城市建设需要我们每一个人的参与和努力。让我们携起手，共同构筑一个永续的未来之境。

——谨以此书献给所有热爱城市与自然的人

彭涛

2024 年 12 月 10 日

目录

第二章　　怡人生境 　　　　　　　089

永续营境

SUSTAINABLE ENVIRONMENT CONSTRUCTION

第一章

永续生态

我们的城市未来会是什么样子？是钢筋水泥的森林，空气污浊、资源枯竭，人们在拥挤的街道上疲于奔命？还是绿树成荫、鸟语花香，人与自然和谐共生的绿洲，人们在舒适的环境中享受生活？答案取决于我们今天的选择。

"永续生境"的概念应运而生，它指引我们如何在城市发展与自然生态之间寻求平衡，构建人与自然和谐共生的可持续未来。"永续生境"代表着一种新的生存智慧和行动纲领，强调将自然视为城市发展不可或缺的伙伴，而非被征服的对象。本书将深入探讨"永续生境"的内涵、构建路径、多学科融合、生态修复与重构等内容，为建设一个更美好的未来贡献力量。

一、永续生境的内涵与意义：超越物理空间的生态系统

（一）永续生境的定义：生态系统的动态平衡

永续生境并非简单地指生物生存的物理空间，而是指一个动态的、可持续的生态系统，它融合了"永续"和"生境"两个核心概念。永续强调长远发展和资源的可持续利用，旨在对后代的居住环境负责；生境则指生物与环境相互作用的复杂网络，包含物理条件、生物关系及自我调节机制。因此，永续生境代表着一种人与自然和谐共生的新型生态模式，尊重自然规律，注重生态系统的健康、稳定和韧性。

通过多学科协同，在满足人类需求的同时，保护和恢复自然生态系统，最终实现环境、社会和经济效益的统一。这是一种超越传统静态空间概念的动态平衡，强调生态系统的自我修复能力和持续演化，并积极寻求人与自然之间的长期共存与繁荣。

（二）永续生境的危与机：时代的抉择

在人类文明的漫长历史中，我们与自然的关系经历了从依存、对抗到重构的复杂演变。21世纪全球生态危机日益严峻：气候变化异常、生物多样性减少、资源枯竭和环境污染严重等一系列问题，正以前所未有的速度威胁着

人类的生存空间。这些挑战不仅影响生态系统的平衡,更直接威胁人类的未来。

然而,危机中也孕育着希望,全球范围内,可持续发展的共识日益增强。永续生境这一概念应运而生,代表着一种新的生存智慧和行动纲领。它强调将自然视为城市发展的合作伙伴而非被征服的对象。构建永续生境是解决生态困境的关键,旨在平衡人类需求与生态保护,通过恢复自然生态系统,实现人与自然的和谐共生。简而言之,永续生境的目标是确保人类及所有生物在未来都能享有一个具有生态韧性的可持续生存环境。

二、构建永续生境:多学科融合与实践路径

永续生境的构建是一项多学科、多维协同的综合性系统工程。以下 5 个维度构成了永续生境建设的核心路径。

(一)生态修复:重塑自然的自愈能力

生态修复不是简单的绿化,而是通过科学干预,帮助生态系统重建其自我调节机制,具体实践如下:①修复受损生态系统:通过植被恢复、土壤改良和水体净化等手段,恢复生态系统的功能和生物多样性;②植被恢复:选择适合当地气候和土壤条件的本地植物,促进生态恢复,增强生态系统的稳定性;③水土保持:实施梯田、植被覆盖和水源保护等措施,减少水土流失,保护水资源;④污染治理:采用生物修复、化学修复等技术,清理受污染的土壤和水体,恢复生态健康。

(二)可持续设计:将生态理念融入每一个细节

可持续设计是实现永续生境的重要手段。在城市规划、建筑设计和景观设计等方面,融入可持续发展的理念,减少对环境的影响,具体措施如下:①绿色建筑:采用节能材料和技术,如太阳能电池板、雨水收集系统等,降低建筑的能源消耗和碳排放;②生态景观设计:创造多样化的生态景观,如湿地公园和生态走廊等,增强城市的生态服务功能,提高生物多样性;③低影响开发(LID):在城市规划中,采用透水铺装和雨水花园等设计减少雨水径流,保护水资源。

（三）资源管理：从线性经济到循环经济

资源管理的核心是合理利用自然资源，避免过度开发和浪费，实现资源的可持续利用，具体措施如下：①推广循环经济：通过资源地再利用和再循环减少废物产生，降低对新资源的需求；②提高资源利用效率：通过多样化的土地使用形式和生态保护措施，增强生态系统的自我调节能力，提高土地和其他自然资源的综合利用效率；③可再生资源的开发：鼓励使用可再生能源，如风能、太阳能和生物质能，减少对化石燃料的依赖。

（四）社区参与：培育生态治理的内生动力

社区参与是永续生境的社会基础，具体措施如下：①公众教育与意识提升：通过开展环保宣传和教育活动，提高公众的环保意识和参与积极性；②建立社区治理机制：鼓励居民参与环境治理，形成社区自我管理和自我服务的良性循环；③社区生态项目：支持社区开展生态恢复和绿化美化等项目，增强居民的归属感和责任感。

（五）科技创新：提供永续生境的技术支撑

科技创新是永续生境建设的重要引擎，具体措施如下：①生态监测与预警技术：利用传感器和无人机等技术，实时监测生态环境变化，及时预警潜在风险；②环境修复新技术：研发新型环保材料和修复技术，提高生态修复的效率和效果；③生态大数据分析：通过大数据技术分析生态系统的运行状态，为决策提供科学依据。构建永续生境的关键在于跨学科、跨领域的系统性思维。我们须突破传统学科边界，从宏观和整体的视角审视生态、社会、经济的复杂网络，通过整合各学科专业知识和技术手段来应对复杂的生态挑战。

三、永续生境的多维解读：一个动态的生态系统

生境是一个多维度、多尺度的复杂系统。它不仅仅是物理空间，更是一个充满动态平衡的生态网络。从微观角度看，它是微生物、植物和动物赖以生存的载体；从宏观角度看，它是人类社会赖以发展的基础。在传统认知中，

生境常被视为静态的空间。然而，从永续生境的角度来看，生境是一个充满活力且不断演变的生态系统，具备自我调节和自我修复的能力，同时也对外部干预极其敏感，我们的每一次设计和干预都可能触发复杂的生态连锁反应。

四、理论基础：多学科视角下的融合

本章立足于生态系统服务、海绵城市设计、可持续设计、滨水景观设计、基于自然的解决方案 (NbS) 等多学科理论框架，提出并阐述了"生态修复"与"功能重构"的双重路径。永续生境的方法论不仅关注生态系统的物理恢复，更着重提升其功能价值和文化内涵，通过精细化的空间干预，激发生态系统的自我调节和再生能力，最终实现人与自然的和谐共生。

（一）生态系统服务

本章强调评估和提升生态系统的服务功能，如水源涵养、气候调节、生物多样性维持和土壤保持等。通过设计干预以增强生态系统的服务能力，为人类提供更多的福祉。

（二）海绵城市设计

应用海绵城市理念增强城市对雨水的吸收、渗透和净化能力，旨在减少城市内涝，改善城市生态环境，提升城市的韧性和适应能力。

（三）可持续设计

本章贯彻可持续设计的理念，统筹环境、社会和经济因素，确保生态修复的长期有效性。

（四）滨水景观设计

在本章中，我们还探讨了基于自然的解决方案（NbS）的滨水空间更新研究，如通过恢复河道生态系统和构建生物多样性栖息地，实现生态修复和功能重构，兼顾效益性、经济性和可持续性。

五、核心方法论：生态修复与功能重构

永续营境通过"生态修复＋功能重构"的方法论，尊重自然规律，模拟自然过程，增强生态系统韧性，实现多功能综合价值的最大化。该方法论须统筹生态效益、社会效益和经济效益，采用系统思维进行整体规划设计，实现生态系统健康、稳定和可持续发展。这并非简单的物理修复，而是对生态系统功能的全面提升和再造。

六、结语

本章以构建人与自然和谐共生的可持续未来为目标，深入探讨了"永续"与"生境"的内涵，并从生态修复、海绵城市设计、可持续设计和滨水空间设计 4 个维度，系统阐述了构建永续生境的实践路径。其通过生态修复与功能重构的双重路径，强调系统性思维和跨学科融合，提升生态系统功能价值和文化内涵。最终目标是实现生态系统的健康、稳定和可持续发展，确保人类及所有生物具有生态韧性的可持续生存环境。其核心在于将自然视为城市发展不可或缺的伙伴，而非被征服的对象，实现环境效益、社会效益和经济效益的统一，为应对全球生态危机提供切实可行的解决方案。

多功能海绵景观设计实践

——以清远飞来峡海绵公园为例

图 1-1-1 飞来峡海绵公园改造实景图

　　建设海绵城市是我国落实生态文明的重要举措，其核心思想的着眼点在于城市对雨水资源的利用与管理，旨在解决城市发展进程中面临的水安全、水资源与水污染问题[1]。迄今为止，我国海绵城市建设已进入第九个年头，在海绵城市专项设计、技术应用等理论领域内取得了突出的成绩[2]，但是单一目标设计和工程措施无法在项目实践中形成通用作用[3]，不同条件基底的项目面临着复杂的雨水管理需求、生态恢复需求、人居环境需求和宣传教育等需求，因此打破各专业壁垒，提出针对性的系统性的海绵城市解决策略就成为亟待解决的问题[4]。本文以清远飞来峡海绵公园海绵景观设计（图 1-1-1）为例，从多专业角度赋予海绵城市多种功能，满足公园内雨水管理、污水管理、生态修复、活动休闲和公众教育等多重需求，探索新型海绵城市建设发展的新趋势。

基金项目：福建省中青年教师教育科研项目"基于'三生'空间的福建乡土景观发展演变研究"（项目编号：JAT190022）。
* 第一作者简介：彭涛（1971—），男，湖南省衡山县人，正高级工程师，研究方向：风景园林设计、景观生态学、乡村文旅和乡村振兴。

一、场地现状和问题

  飞来峡海绵公园位于广东省清远市飞来峡水利试验基地内，基地周边围绕着实验基地的行政楼、实验厅和员工宿舍等建筑，主要活动人群为基地的科研人员，建设前项目场地为一片洼地，是整个园区的最低点，中间是一个污染较为严重的心湖，整体较为荒芜，几乎无法使用，相关人员经过现场调研后发现该项目存在 3 个亟需解决的问题。

（一）雨水问题

该项目位于整个试验基地最低处，在暴雨期间，基地内未经处理的雨水径流直接排放至心湖内，包括来自屋顶和地面的雨水径流，造成场地内水土流失和水体污染等一系列水生态问题，进一步加剧了整个场地生态环境的退化。同时项目场地内高差达 8m，这给海绵城市的设计和建设带来了挑战。

（二）污水问题

由于受到地理位置和经费等因素的制约，目前基地的科研人员和管理人员的生活污水采用简单的二级化粪池处理后直接排入心湖，导致心湖水质逐年恶化，水生态系统遭到破坏，这也对基地周边的环境产生了不良影响。因此从源头解决心湖的污染源是该项目的第二个挑战。

（三）人居环境问题

场地原貌荒芜（图 1-1-2），活动区域较为局促，缺乏景观功能，难以满足基地科研人员在园区内享受和休憩的需求，因此使用者亟需通过景观策略提升该处的人居环境和生态环境。

图 1-1-2 场地原貌荒芜

二、目标定位和设计构思

（一）目标定位

飞来峡海绵公园的建设亟需开发适合基地污水处理的廉价、便捷的技术，解决基地的日常废污水排放问题，并对心湖的生态环境进行修复，恢复心湖的水质和生态系统。

为此，设计师提出了"多功能海绵景观"的概念，即雨水管理功能、污水处理功能、生态修复功能、景观功能及示范功能。打破传统单一的海绵技术与水利学、生态学和景观学的屏障，融会贯通地解决基地的雨水、污水和生态问题，形成系统性的海绵城市建设，达到 85% 的年径流总量控制率和60% 的径流污染控制率。同时，设计师希望为奋战在这里的一线科研工程师创造一个亲切、宁静、自然的户外活动空间。

（二）设计构思

飞来峡海绵公园采用了海绵城市设计（图 1-1-3）与景观设计（图 1-1-4）结合的设计手段，根据海绵城市指标要求，公园设计了 6 个功能系统共同完成雨水传输、净化和存储，分别为植被缓冲带雨水滞留、生态碎石渠雨水传输、透水铺装、人工湿地雨水净化、阶梯式雨水花园和心湖雨水调蓄。凹陷的山谷地形有 8m 的高差，一部分雨水径流通过植被和碎石渠减缓流速，一部分

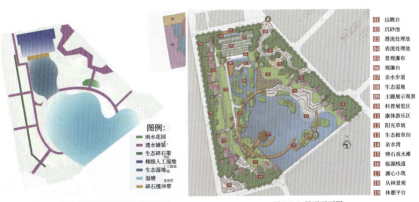

图 1-1-3 汇水分区及海绵城市设施布局图　　　　图 1-1-4 景观平面图

雨水经过台地式人工湿地净化后进入自然式湿地调蓄，还有一部分汇入雨水管中的雨水经过排放口进入阶梯式雨水花园。心湖作为天然的雨水存储箱成为所有雨水的最终汇入点，形成海绵城市系统。

在此基础上，依据现有条件，采用艺术化的景观策略对海绵设施进行景观优化，平台布局与铺地图案均以"水韵"为主题。湖区景观以中心水体为焦点，沿湖岸线设计弧形步道和观景点，形成自然流畅的向心空间格局，与大起大落、层层叠叠的地形景观结合，配合四周丛林与草坡过渡的强对比设计，整体形成别具一格、开合有致、豁然开朗、优美大气的震撼性生态园林景观。同时在园区内增加观景台、亲水布道、景观瀑布、阳光草坡、休憩平台和科普长廊等景观功能，提升场地的人居环境，将这里建设成广东省第一座水利科学与海绵技术结合的示范性海绵公园。

三、生态化海绵设施设计

该项目通过植被缓冲带、生态碎石渠、透水铺装、人工湿地、雨水花园、雨水湿塘和植物设计 7 个海绵策略实现园区内雨水的传输、净化和渗透，并通过生态化的技术和景观化的艺术策略实现该项目的示范性建设。

（一）植被缓冲带设计

项目的四周以蜂巢格室植被护坡代替了传统的水泥混凝土护坡，形成植被缓冲带，可以有效滞留陡坡湍急的雨水径流，防止水土流失。种植的植物选择了耐阴、再生力强、耐践踏、对土壤要求不高的大叶油草。以植被缓冲带代替了传统的水泥混凝土护坡，增加了景观的可视性。

（二）生态碎石渠设计

生态碎石渠全长 108m，贯穿了心湖西南侧的植被护坡，该处原状是一条混凝土排水沟，只具有单一的排水功能，为了滞留净化来自护坡上的雨水径流和排水管的雨水，设计师将 3 层不同粒径的碎石铺设在排水沟底部，并在底部铺设了排水盲管，以此实现对雨水净化和增加雨水滞留时间等生态功能。其具有减少工程量、降低成本、易管理和易维护的优点。

（三）透水铺装

透水铺装对中小降雨事件的径流体积削减、峰值流量削减和峰现时间延缓等方面的控制效果显著[5]，因此该项目的透水铺装设计（图 1-1-5）使用了透水砖和石材碎拼，其中透水砖是利用建筑废弃材料制成的，花岗岩石材则是来自基地附近的一处采石场。基地内使用的所有花岗岩碎石皆采自这里。该设计实现了设计师低成本和资源回用的环保理念。

图 1-1-5 公园内的透水铺装补充吸纳了两侧绿地产生的雨水径流

（四）功能性人工湿地

许多研究表明人工湿地（图 1-1-6）对生活污水和雨水中的污染物具有良好的去除效果[6-7]。区内的人工湿地主要分为潜流湿地和表流湿地，它们在这个场地具有多重功能：其一是作为基地科研人员的实验场地，实现生活污水尾水的净化处理和监测[8]；其二是拦截和净化来自道路的雨水径流，使雨水以适宜的速度缓慢流入中心湖区；其三是多层次的结构设计实现了景观空间的视觉效果。植物选用耐污能力强、根系发达、去污效果好、容易管理且具有景观效果的本土水生植物，如美人蕉、凤眼莲、鸢尾、梭鱼草和再力花等。

图 1-1-6 功能湿地实景图

（五）雨水花园设计

该项目在原来直接排放的雨水管处设计了跌水，以对外部雨水加以处理，两侧选择了耐淹、耐冲击的本土植物，减缓了雨水直接排放对心湖生态系统的冲击，在净化滞留雨水的同时，运用传统的造园手法提升该处的景观看点。

（六）雨水湿塘——心湖

心湖作为园区的雨水和污水最终的受纳体，同时也是项目的中心，其水质是检验园区海绵设计效果的核心指标。设计师提出了一个由人、动物和植物共存的全新的生态系统，种植沉水植物以提升心湖的水质，投放水生动物以解决可能产生的富营养化问题，同时打造可供人亲水的核心景观区域。目前，心湖的水质已经达到地表Ⅲ类水标准。

（七）低维护植物的组团化设计

海绵植物（图 1-1-7）的选择应遵循因地制宜、耐潮耐旱以及注重植物抗污染、抗病虫害等特性[9]。该项目全园种植了 120 余种低维护的乡土植物。考虑到对自然生态景观的意境表达，设计师在巧妙地利用了乡土植物的选型特征和生长习性的基础上，通过不同的植物组团打造出移步易景的景观花镜。

在湿地景观营造方面，设计师则选用耐污能力强、根系发达、去污效果好、易管理且具有景观效果的本土挺水植物，根据根系分布深浅及分布范围搭配种植美人蕉、凤眼莲、鸢尾、梭鱼草和再力花等。

睡莲	红响水竹芋	夏荷	狐尾藻	大藻	荇菜
再力花	梭鱼草	凤眼莲	鸢尾	石菖蒲	醉蝶花
美人蕉	肾蕨	蒲苇	吉祥草	花叶芦竹	伞草

图 1-1-7 部分乡土植物列表

四、污水处理技术应用

该项目采用了地埋式污水处理设备结合人工湿地综合治理的方式，考虑到实验基地内日均人数在 40 人左右，高峰期可达 80 人，污水处理工程应按满足高峰期需求来设计，设计处理量为 13m³/d。生活污水经过化粪池后进入净化槽，净化槽出水主要指标达到一级 A 标准，再通过人工湿地强化处理后达到地表Ⅲ类水标准后流入心湖。

该项目使用了 FK-JHC 净化槽处理技术，该技术叠加了生物膜技术，减少了过程中的污泥，壳体内部采用平推流和全混流模式，大大地抑制了过程的短路或不必要的返混。其可以根据需要使槽内全部曝气或部分曝气，实现 A/O/A/O 工艺。FK-JHC 净化槽包含 3 个反应区和 1 个沉淀区，在反应区内均设有活性填料，为高效复合生物菌提供生长场所，在气泵持续供气下形成生物滤床，通过生物膜的吸附及生物作用对污水中的有机物进行降解，同时通过气提式混合液内循环技术进行高效脱氮。

五、生态修复技术

该项目采用了蜂巢格室护坡技术和心湖驳岸岸线优化等方式对驳岸进行处理,增加了多处亲水空间,岸线周边增加了湿地植物种植并增设生态浮床,以增加植物净化水体功能,使心湖具有自我净化的能力,以便形成良好的生态环境。除此之外,该项目使用了生物操纵技术[10]来处理心湖可能带来的一系列富营养化问题,具体措施为增加凶猛性鱼类的数量以控制以浮游生物为食的鱼类的数量,从而减少以浮游生物为食的鱼类对浮游动物的捕食,以利于浮游动物种群(特别是枝角类)的增长。加大了对浮游植物的摄食,这样就可抑制因浮游植物的过量生长而导致的水华发生。

六、科普示范设计

园区内设置了人工湿地、湿塘、生态碎石渠、生态浮床、雨水花园、生态护坡和透水铺装等多种海绵设施,并将其串联成一个海绵系统,同时在园区的路口设置了海绵科普展示牌。设计师根据海绵系统规划园区内的动线,完整地向社会人士、校园学生和专业同行展示了从收集传输到储存净化的雨水管理全过程,具有极佳的教育意义[11]。

七、结语

该项目打破了传统且单一的海绵技术与水利学、生态学和景观学的屏障,赋予了海绵城市多重功能,融会贯通的解决了基地的雨水、污水和生态问题,形成了系统性的海绵城市建设。其通过一系列的技术手段进行了水生态维护、水环境改善和水污染控制,同时实现了景观环境的优化,恢复场地的生物多样性,达到人与自然和谐共处的生态环境,具有显著的生态效益。同时该项目有效地解决了服务区域及下游水体的水污染问题,改善了园区景观,服务了科技工作人员,促进了科技展示成果,提升了人们的生态意识,成为广东省水利实验基地水生态文明建设示范园区,具有重大的示范展示功能和科普教育意义。

参考文献

[1] 袁再健, 梁晨, 李定强. 中国海绵城市研究进展与展望 [J]. 生态环境学报, 2017, 26(5):896-901.

[2] 肖龙, 方露萍, 李雷婷. 中国海绵城市建设理论研究进展 [J]. 华中建筑, 2021, 39(1):17-20.

[3] 李兰, 李锋. "海绵城市" 建设的关键科学问题与思考 [J]. 生态学报, 2018, 38(7):2599-2606.

[4] 赵则. 新形势下我国海绵城市建设进展、问题及建议 [J]. 现代园艺, 2021, 44(9):90-92.

[5] 李俊奇, 张哲, 王耀堂, 等. 透水铺装设计与维护管理的关键问题分析 [J]. 给水排水 2019, 55(6):26-31.

[6] 张翔, 李子富, 周晓琴, 等. 我国人工湿地标准中潜流湿地设计分析 [J]. 中国给水排水 2020, 36(18):24-31.

[7] 冀泽华, 冯冲凌, 吴晓芙, 等. 人工湿地污水处理系统填料及其净化机理研究进展 [J]. 生态学杂志, 2016, 35(8):2234-2243.

[8] 岑璐瑶, 陈滢, 张进, 等. 种植不同植物的人工湿地深度处理城镇污水处理厂尾水的中试研究 [J]. 湖泊科学, 2019, 31(2):365-374.

[9] 王继臣. 海绵城市建设中的植物选择与设计探究 [J]. 山西农经, 2021(8):112-113.

[10] 吴翔, 吴正杰. 利用生物操纵技术控制藻类研究进展 [J]. 山东化工, 2020, 49(10):255-256.

[11] 曲彦. 海绵城市理念在城市绿地建设中的应用 [J]. 林业科技情报, 2020, 52(1):100-101.

可持续理念下矿区生态修复与产业转型策略探究

——以广州从化顺兴石场为例

绿色 生态 创新
和谐 共建 共享

图 1-2-1 广州从化顺兴石场改造现状

我国矿区不仅在开采过程中给山体和环境带来了破坏，在开采后也造成水土流失、空气污染及物种骤减等生态问题。2017 年 10 月 18 日，习近平总书记在党的十九大报告中强调，坚持人与自然的和谐共生，要尊重自然、顺应自然、保护自然，必须树立和践行"绿水青山就是金山银山"的理念，必须坚持节约资源及保护环境的基本国策[1]。在《全国矿产资源规划（2016—2020 年）》指导意见及广州市国民经济和社会发展第十三个五年规划总目标和战略的部署下，广州市国土资源和规划委员会印发了《广州市矿产资源总体规划（2016—2020 年）》[2]，支持矿山地质环境恢复治理与景观资源、旅游资源的开发相结合，因地制宜，调动各方积极性，加快本地区矿山地质环境恢复治理的步伐。

实践表明，矿区生态修复对城市生态性、社会性和经济性等方面的发展有着促进作用。因此，本文结合了广州从化顺兴石场设计案例（图 1-2-1），详细探讨了在可持续理念下矿区生态修复与产业转型的实施路径和设计策略，以期在城市生态修复层面为未来矿区修复工作提供有益参考。

一、可持续发展理念下风景园林的发展

可持续发展理念是 1987 年挪威前首相格罗·哈莱姆·布伦特兰（GroHarlemBrundtland）在联合国世界环境与发展委员会上发表题为《我们共同的未来》的报告中首次提出的。可持续发展是既要满足当代人的发展需求，又不影响满足后代人的发展所需 [3]。随着城市化进程加速，城市风景园林的可持续性受到广泛关注，各国风景园林师开始从生态保护、资源利用和社会效益等多个维度探索可持续设计策略。

美国风景园林师协会 [4]（AmericanSocietyofLandscapeArchitects）认为，风景园林的可持续发展是在基地景观的规划设计、管理战略和政策过程中，在产品、技能和价值观等方面始终坚持既要满足当代人的发展需求，又不影响满足后代人的发展所需。俞孔坚 [5] 认为，有益于文化体验和自身发展的风景园林是可持续的，其中包含教育审美、场所空间，以及人在自然中的自我意识等。罗伯特·萨尔（RobertThayer）认为，尊重基地的多样性和稳定，最大限度地实现资源回收，可再生能源为主要采用能源，设计技术为营造次要手段，以及保护居民社区及生活服务是可持续景观的五大特点 [6]。从以上阐述中可以看出，风景园林可持续的主旨是基于生态系统的自我更新，即以最小的干预和破坏，达到生态系统的健康发展，在景观生命周期内节约资源，增进人类的文化体验感及人在自然中的自我意识等。

风景园林领域的可持续发展是一门综合的景观理论，主要涉及生物多样性、恢复生态学、景观生态学、环境心理学、景观设计学和植物造景原理等 [7]。矿区的修复工作须运用多理论，将目光着眼于矿区的全生命周期，充分考虑矿区未来的可持续发展。

二、可持续发展理念下矿区生态修复实施路径

矿区生态修复工作是城市绿色发展的重要载体，能够有效改善绿地结构，并从休闲延伸至生态和运营等方面，成为以城市生态环境可持续发展为最终目的的综合性绿色基础设施建设。矿区的景观和空间具有独特性，通过多元合理的修复治理和有效的规划设计，可以释放新的城市发展空间，形成城市

转型升级发展新机遇，使矿区成为社会经济和文化发展的重要载体。

以矿业开采形成的矿坑、塌陷地和废弃工业用地等残破的生态基底为导向，进行生态修复和功能修复，是矿区景观再生和可持续发展的根本途径。可持续发展理念下矿区生态修复的实施路径主要体现在以下 3 个方面。

（一）生态资源可持续发展

运用多维综合的可持续发展理念对矿区进行生态修复和功能修复，对区域的生态建设、土地开发再利用和改善生态环境等都有着重要意义。矿区生态修复主要通过土壤改良措施、植物重建措施和边坡治理技术等进行综合治理 [8]。

（二）景观空间可持续发展

可持续景观设计遵循以人为本原则，注重以人类自身发展需求为基础的景观结构的协调与发展 [9]。不同的使用主体对空间有着不同的使用需求，合理的景观空间能为人们提供舒适的体验，并满足人们不同的使用需求。结合矿区用地规划情况，对闲置土地进行合理再利用，打造独具矿业特色的生态景观，能够提升产业人员的工作及生活环境质量。

（三）经济资源可持续发展

合理充分地利用现有资源，不断开发可替代的新资源，满足当代人和后代人对资源的永续利用和发展需求，是资源开发的新价值观，也是可持续发展的重要理念。对矿区开采钢构架、建造原料矿石和废弃采石车轮胎等多类原有资源的再生利用，是矿区在地文化特征和经济可持续的重要体现。

三、可持续发展理念下广州从化顺兴石场生态修复与产业转型的设计实践

顺兴石场位于广州市从化区太平镇飞鹅村，面积约为 245800 ㎡，场地内拥有大面积下挖开采的矿坑和积水潭(图1-2-2)，架设有高空运输皮带走廊，

以及一些老旧且风格各异的办公用房和居住用房。顺兴石场是广州市重点工程的砂石保供单位，因受产业发展、地理位置和经费等因素的制约，目前管理人员在场地进行加工生产作业具有一定的危险性，开采区域的生态环境较差，且在采矿运输动线过程中会产生较多灰尘，如何实现生产效能和生态修复并行是目前顺兴石场面临的主要问题。

基于顺兴石场的地理性质和地形地貌，须因地制宜进行生态修复设计。此外，顺兴石场生态修复实践项目（以下简称"项目"）荣获"2021 年度中国风景园林学会科学技术奖"规划设计奖二等奖，在此背景下解读项目修复全过程具有重要意义。

图 1-2-2 广州从化顺兴石场改造前

（一）广州从化顺兴石场整体规划建设目标

随着城市绿色建设步伐的加快，顺兴石场响应国家"生态文明"的建设理念，顺应从化产业升级改造的潮流，在发展"绿色矿业"政策的基础上进行了综合性改造提升，融入古驿道 IP，以"特色矿工业旅游、研学游学"为项目赋能，成为广州旅游产业中代表矿业文化生态旅游的新名片，并向着矿业体验旅游中高端产业差异化方向发展。

顺兴石场通过规划设计达到了保护矿山、恢复生态及产业转型的目的。通过改造和建设具有矿区特色的建筑，改善矿区及其周边环境，以及开发旅游度假以达到推动经济发展的目的。顺兴石场以升级现有开采区设备的方法，高标准规划设计项目内的景观和建筑，打造"绿色生态智慧型矿山体验公园"示范项目，宣传绿色智慧矿山开采新模式。开采完成后，整个项目实现华丽转型，成为以康养文化、本土文化和地理地质文化为核心，以传承和发扬广东东升实业集团企业文化和家国文化为依托的生态矿坑康养休闲度假旅游区，成为企业转型的战略支点和样板项目，形成多方共赢、价值共创的"全链条永续生态闭环"（图 1-2-3）。

（二）广州从化顺兴石场景观系统修复策略

工业开采的矿石文化，是现代石文化的组成部分。石头在生产过程中有着石山、原石、石块、砾石等不同存在形式，是自然遇见文明的产物。基于此，

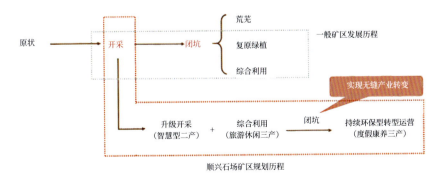

顺兴石场矿区规划历程

图 1-2-3 广州从化顺兴石场发展模式总结

顺兴石场的景观修复设计以"矿野石趣"为主题，保留了现存的工业痕迹并循环利用现有的工业废料，结合场地的地形地貌，在不同空间内把不同形态的石头作为景观元素巧妙利用，营造出 4 个不同的"石"构主题体验空间。

本文的研究范围为顺兴石场一期示范区域，定位为营矿坑内的工业公园，旨在通过生态环境和功能空间的修复，宣传绿色智慧矿业开采模式的示范性企业，拓展合作及合作方资源；树立顺兴石场"绿色矿山"的形象，拓展政府资源渠道 抓住中小学生工业参观的需求，体验一颗石头的工业制作过程。项目以"自然与文明循环共生"为总体设计理念，通过因地制宜、绿色循环和生态复绿三大底层设计原则，实现顺兴石场生态和经济的可持续发展。

在可持续发展理念指导下，顺兴石场生态修复的更新策略，围绕多维综合系统的生态可持续、多元行为主体的空间可持续、多类资源节约的经济可持续 3 个层面提出。

1. 多维综合系统的生态可持续发展

顺兴石场的矿坑花园经过开采后形成独特的台层式开采肌理，具有规模大和面积大的特点，其景观修复以生态复绿为主。本项目应用矿山石壁宜滑性蜂巢格室护坡技术、矿坑蓄水生态敏感性的生物操纵技术，以及矿坑消落带的生态复绿技术进行矿坑景观的修复设计。

（1）矿山石壁宜滑性蜂巢格室护坡技术可以对矿坑花园、景观挑台护坡等高差地带进行良好的应对处理。蜂巢格室是一种由新型的高强度土工合成材料组成的三维立体网状格室结构，采用高分子纳米复合材料，通过超声波针式的方式焊接而成。蜂巢格室的基本原理是"三维限制"，将变形集中在三维空间内，蜂巢格室的柔性结构特点可以承受外在荷载及所引起的变形，能够有效加固护坡的土体强度，减少雨水冲刷带来的土壤流失，植物根系可深入地表并形成坚固的复合保护层。

（2）矿坑蓄水生态敏感性的生物操纵技术可以处理矿坑蓄水池和景观池塘可能带来的一系列富营养化问题。矿坑蓄水生态敏感性的生物操纵技术主要通过增加凶猛鱼类的数量，控制以浮游动物为食的鱼类数量，利于浮游动物群落的增长，加大对浮游植物的捕食，以达到抑制浮游生物过量生长的效果。

（3）矿坑消落带的生态复绿技术运用了大量创新修复手法，对矿区进行了植被全覆盖，开创了矿区景观园林化深度修复新模式。矿坑消落带的生态复绿技术主要采取固特覆土绿化法、挂网客土喷播法等创新工艺对高陡的层级和边坡进行生态修复。绿化种植充分考虑季相变化，在全域复绿层面上确保修复工作高效有序，实现四季如春的效果。此外，项目团队还通过生态修复技术突破传统植树种草的简单复绿，使生态复绿提升为园林建设，打造花园式矿区，以实现绿色可持续发展。

2. 多元行为主体的空间可持续发展

受地理位置和经费等因素的制约，目前顺兴石场及其周边区域的生态环境较差，管理人员的工作及生活需求没有保障。结合矿区用地规划情况，项目团队对闲置土地进行了合理再利用，打造出独具矿业特色的生态景观，并提升了管理人员的工作和生活环境质量。针对顺兴石场的情况，项目团队选取了3个闲置空间，分别将其改造为瀑布景观、砾石花园和瞭望平台，以提升矿区的环境质量，丰富矿区空间的使用功能。

（1）巧妙利用场地高差，打造野趣自然的瀑布景观（图1-2-4）。瀑布的设计利用了从工业用水到景观用水的循环体系，利用矿坑的水资源，为干燥的采石场营造了一方水汽氤氲的小天地。瀑布花园的设计中还使用了一种新型的模块化雨水花园，雨水花园具有一体化的垫层结构，该结构由上到下依次为滤水层、保水层和排水层。这一技术解决了矿坑在高差较大的情况下，

图 1-2-4 瀑布景观设计前后对比

雨水冲刷土壤带来的植物存活率低的问题，且模块化垫层的批量生产和标准化建设可以带来可观的经济效益。

（2）项目团队选取石场元素及材料，打造具有野趣生态且可持续发展的砾石花园，将裸露的矿地转化为参与性绿地。考虑到后期养护，砾石花园的花镜材料以多年生、易养护、耐干旱、耐贫瘠的观花（叶）植物品种为主。园中回收再利用了采石车辆的废弃轮胎，体现了景观在地文化的设计。

（3）在岩壁处设置瞭望平台，形成了豁然开朗的场景。矿区最佳观景点位于新生产区的中轴，项目团队巧妙利用了原有的两块大石头，并在石头上安装了两块钢结构的瞭望平台，使人们站在上面便可俯瞰矿区全貌。

3. 多类资源节约的经济可持续

（1）顺兴石场的入口处为狭长型道路，道路东侧植物生长较茂密，西侧植物生长较稀疏，道路两侧是年久失修的原有村民住宅。入口处目前搭建了一个简易的遮阳棚，整体形象不佳，缺乏仪式感和品质感。改造（图 1-2-5）的首要任务是重建入口处的遮阳棚，以抽象石形的设计理念，设置镂空团的耐候钢板结合灯光设计的主题入口构筑物，并于道路两侧增设构筑物，呼应入口处主题，局部设置移动花箱作为临时遮挡，在提升入口处形象的同时，吸引游客的目光。

（2）矿区的功能建筑包括办公用房和居住用房等，这些建筑既是矿区工业文明的缩影，也是珍贵的工业遗产，更是独特的景观要素。通过对建筑立

图 1-2-5 主题入口构筑物改造设计图

面和使用功能的改造,项目团队将矿区建筑改造为后期研学教育的现成教材,为后期矿区的转型发展提供了基础。矿区的办公用房位于入口处的重要位置,建筑立面形象不佳,与周边道路关系不明确。建筑改造呼应入口处主题构筑的设计风格,以开采石材用的钢构架为原材料,以大面积网格状槽钢和工字钢等与原料石块的拼接对建筑立面进行提升改造,并将面向道路的办公室改造为展厅,形成空间上的通透关系。中庭围合景观的空间改造利用当地毛石和砾石等材料,设计引导室外空间的人行流线,形成围合的庭院空间,并增添观赏性。

(3) 顺兴石场一期景观搭配建造了两个公共卫生间。公共卫生间周边为矿山自然环境和厂房建筑,因此须协调好公共卫生间的私密性。项目团队为了呼应矿山的在地文化元素,在建筑细节处设置了各式园区开采矿石,呼应了顺兴石场特有的景观风格,并增加了使用者的互动体验感。以运营推导设计,公共卫生间在基础服务功能上融入了智慧园区设计理念,增加了游客打卡点和科普展示窗口,打造了具有可延展的功能复合型建筑。围绕可持续发展的绿色矿山主旨,公共卫生间还利用了微生物降解的生态手段 (图 1-2-6),将排泄污染物通过化学作用转化为二氧化碳、水和有机肥(转化产生的二氧化碳自然排出,水经净化后回用于冲厕,有机肥则定期清出用作园区植物施肥)。

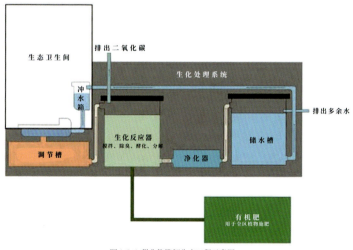

图 1-2-6 微生物降解生态工程示意图

（三）广州从化顺兴石场景观修复后评估

在可持续发展理念下，在城市建设过程中明确矿区修复所具有的经济效益、社会效益及生态效益，可减少理论缺失导致的设计不完善问题，并对后期维护管理与运营发展产生影响。顺兴石场通过生态资源、景观空间和经济资源 3 个方面的可持续修复，达到了以下 3 个方面的有效收益。

1. 生态效益

矿区矿业常年存在"矿关业灭"的发展难题，许多伴随矿业兴起的城市也会随着矿区的资源枯竭或矿区关闭而陷入困境。广东东升实业集团有限公司深谙此理，从 2018 年至今，投资了 3.5 亿元设计打造了顺兴石场，坚持开采和修复同步规划实施的工作原则，相继完成了已开采区域生态修复、矿山公园景观和自主研发设计的智能化生产线建设，在广东率先打造出设施、技术、管理和服务四大层面都达到一流水平，且群众满意、绿色安全的生态矿山样板。顺兴石场作为广东省矿业绿色转型升级发展的行业新标杆，真正成为了矿区开采生产环境的再造者。

2. 经济效益

本项目解决了矿区近万平方米的高差复绿区域，配合项目原有的除尘除灰技术，不仅达到了美化景观、还原生态矿山的目的，还增加了生产工作人员的休憩活动空间，使工人可以呼吸清新的空气。与此同时，水循环技术降低了生产单位的污水处理成本以及场地喷水除尘的成本。

3. 社会效益

广州从化顺兴石场是集矿山开采与石材加工于一体的生产基地，该项目在矿区生态修复及生态复绿两个层面为社会带来直接与间接价值，具有重大的示范展示功能和科普教育意义。与此同时，顺兴石场通过矿业研发、孵化与砂石相关联产品加工制造业的纵向延伸，以及"矿山 + 旅游"双产业的跨界横向融合，将企业发展与从化太平镇重点发展"战略性新兴产业"、南部区域"加快传统制造业技术升级"以及"着力发展森林乡村度假、乡村文化体验、农业观光等生态旅游业"的城乡发展战略定位紧密融合，积极打造大生态产业体系，在"绿色发展、产业强镇"中扮演着重要角色[10]。

通过对已开采区域的生态修复和景观营造，智慧型绿色矿山公园已现雏形，目前已纳入国家级绿色矿山名录。广州从化顺兴石场全新的生态修复理念和工作实践突破了矿业可持续发展的瓶颈，开创了矿区边生产边修复的绿色发展新模式，推动矿业实现了高质量发展。

四、结语

本文在风景园林发展研究的基础上，总结了可持续发展理念下的矿区修复实验路径（图1-2-7），以指导广州从化顺兴石场生态修复及产业转型的建设探索，探究矿区未来的生态环境建设及旅游资源开发的运营策略，打造以生态文化、工业文化及康养文化为核心的新城市经济增长跳板，促进矿区成为城市转型发展示范区，实现矿区乃至城市区域生态与经济相融，进而推进绿色城市的可持续发展。

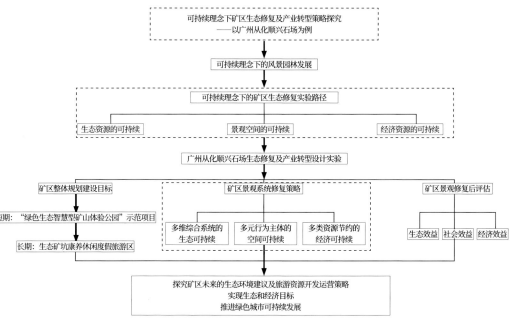

图 1-2-7 顺兴石场生态修复与产业转型的实施路径

参考文献

[1] 刘旭友."绿水青山就是金山银山"的理论与实践价值[EB/OL].(2017-11-07)[2022-08-17]http://theory.people.com.cn/n1/2017/1107/c40531-29631245.html.

[2] 广州市国土资源和规划委员会.广州市矿产资源总体规划(2016—2020年)[EB/OL].(2021-09-18)[2022-08-17]http://ghzyj.gz.gov.cn/zwgk/xxgkml3/qt/ghjh/content/post_7799639.html.

[3] 世界环境与发展委员会.我们共同的未来[M].王之佳,柯金良,译.长春:吉林人民出版社,1997:52-53.

[4] 冀媛媛,罗杰威,王婷.可持续理念下的风景园林评价体系研究[J].中国园林,2015(2):51-55.

[5] 俞孔坚,李迪华.可持续景观[J].城市环境设计,2007(1):7-12.

[6] 田宝江.走向绿色景观[J].城市建筑,2007(5):6-8.

[7] 李斌.锑矿废弃地植被恢复与重建研究:以湖南冷水江锑矿废弃地为例[D].长沙.中南林业科技技大学,2010:17-19.

[8] 胡振琪.矿山土地复垦与生态修复领域"十四五"高质量发展的若干思考[J].智能矿山,2021(1):29-32.

[9] 张群.景观文化及其可持续设计初探[D].武汉:华中农业大学,2004:18-19.

[10] 王琼杰.全生命周期生态矿山的"顺兴模式":广州东升实业集团顺兴学报(哲学社会科学版),2022(1):96-106.

[11] 王伟,王莉.数字化语境下博物馆APP的体验设计[J].创意设计源,2018(1):58.

[12] 基德.新媒体环境中的博物馆:跨媒体、参与及伦理[M].胡芳,译.上海:上海科技教育出版社,2017:65-72.

[13] 易平.文化消费语境下的博物馆文创产品设计[J].包装工程,2018,39(8):84-88.

[14] 周志.博物馆文创大家谈[J].装饰,2016(4):46-51.

[15] 钱倩.基于市场环境下的博物馆文创发展途径探索[J].中国博物馆,2020(1):3-7.

[16] 闫萧宇.新媒体视域下博物馆文创产品传播策略:以陕西历史博物馆为例[J].出版广角,2021(23):89-92.

[17] 石场创建生态智慧矿山纪实[EB/OL].(2020-06-11)[2022-08-17]https://mp.zgkyb.com/m/news/15162.

基于「双碳」目标的城市滨水景观设计研究

——以西安泾河湿地景观设计为例

图 1-3-1 西安泾河效果图

2015年《巴黎协定》提出在21世纪下半叶实现温室气体净零排放的目标，中国在该次协定中承诺，将采取有效的措施[1]。习近平总书记在2020年发表了重要讲话，力争在2030实现"碳达峰"，在2060实现碳中和目标。在此基础上，以创新、共享、绿色、协调、开放为新发展理念推动"双碳"目标的发展。全球超过半数人口居住在城市，它是人类生产生活的主要场所，也是能源消耗后产生碳排放的承受载体。城市成为实现"双碳"目标的主要战场。西安泾河景观设计（图1-3-1）在响应"双碳"目标中发挥着绿色协调的作用，利用城市滨水空间、绿地缓解城市热岛现象，改善城市居住环境，为可持续发展提供了新的途径。

一、双碳目标

（一）研究现状

"双碳"目标即碳达峰和碳中和。碳达峰是指在某一段时间内，二氧化碳的排放量达到峰值，经历平台期后逐渐下降的过程[2]，而碳中和是实现"零碳"目标的重要里程碑。通过自然和人工途径，吸收并消除大气中的二氧化碳，以实现相对的"零排放"[3]。

碳达峰和碳中和是国际上对减缓气候变化的普遍做法。截至 2022 年已经有 50 多个国家实现了"碳达峰"。全球把实现"碳中和"作为目标的国家有 137 个，并积极发展低碳经济，为开展气候治理与国际合作制定了有效的措施[4]。绝大部分发达国家承诺在 2050 年前实现碳中和。当然，承诺只是第一步，还需要切实有效的措施来减少温室气体的排放，增加碳汇能，推动绿色低碳的发展。

在我国，"双碳"目标是促进生态文明建设和经济高质量发展的重要突破口，也是我国未来中长期发展的重大战略方向。运用技术、创新和新能源开发等策略进行低碳转型。要实现"双碳"目标，必须考虑如何"增加碳汇"与"减少碳源"。景观行业在"增碳减排"方面发挥着重要的作用，通过绿化、水体和土壤等方面的改善，增加自然生态系统的碳吸收能力，抵消部分碳排放。例如，增加植被、保护和恢复湿地、碳循环系统、绿色基础设施和生态服务系统都有重要的碳汇功能。在平衡城市自身所产生的温室气体排放，减少二氧化碳能源的消耗，降低温室气体排放量方面达到低碳生态。因此，景观设计是实现"碳中和"的重要手段，可以行之有效地改善城市环境品质。

（二）研究方法

本研究基于知网的数据库，选取 2000—2023 年的相关文献，使用文献分析法和案例分析法进行研究。基于知网数据库，以城市滨水景观为题，检索到 2653 篇论文；以双碳目标为题，检索到 5016 篇论文；剔除经济、汽车、交通运输、石油天然气、电力、工业相关学科后检索到 3220 篇论文。将"双碳"目标与景观相结合，检索到 130 篇论文。使用 CiteSpace 将关键词的共现信息及聚类情况进行可视化处理（图 1-3-2），关键词集中在绿色低碳转型、可持续发展、气候变化、国土空间规划、碳汇等词语。但与滨水空间相结合后，内容只有 8 篇，说明了我国相关研究较少。

二、双碳目标下的城市滨水景观设计研究

双碳目标下，城市滨水景观作为城市生态环境系统的重要组成部分，不仅是承载城市历史和文化的重要容器，也是城市发展的战略性要素，对生态环境的调控具有重要的意义。在城市滨水区规划中，应融入低碳理念和碳排放管控措施，增加"蓝绿碳汇"[5] 以提高碳吸收能力和减少碳排放。"绿色碳汇"和"蓝色碳汇"是不同生态系统对碳的吸收和储存能力的区别。"绿色碳汇"是指陆地生态系统，如森林、草原、农田等，将碳储存在植物组根系和其它部分；"蓝色碳汇"是指沿海或滨水生态系统，如海洋、海岸带、河口、湿地等，将碳储存在植物组织和水下沉积物中。

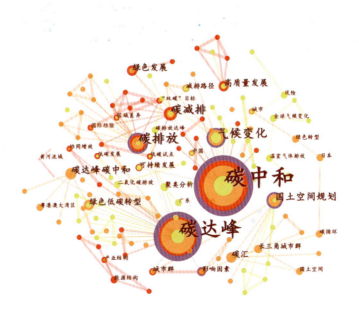

图 1-3-2 聚类分析图谱

遵循低碳设计原则，通过"蓝绿碳汇"实现城市滨水景观的降碳和固碳。通过构建自然驳岸，涵养水源、调节水循环、防洪、防涝和改善空气质量，以减少人为干扰对水体生态环境的破坏。在保持动植物的繁衍与生长的前提下，对沿岸的生态环境进行优化，从而保证了河流的稳定性。同时通过提升滨水区的生态功能，缓解城市热岛现象[6]。为了更好地改善城市环境和居民生活质量，可以通过以下几个方面对城市滨水景观进行设计。

（一）修复水文环境

在设计中应遵循场地原有地形地貌，对河道进行自然化改造，构建"水体与滨岸带"的整体关系。通过绿色基础设施的规划与布局，降低人为碳排放。例如慕尼黑市内的硬质化水渠，其河堤被不断增高，两侧陡峭的水泥堤防使它变得难以接近。

1995 年，当地政府主导的"伊萨尔河计划"对河流实施了自然生态恢复。采用河床整治、河岸重建、河堤加固、水质提升和水量调节，恢复了河流的自然状态。相较于硬性防洪设施，规划后的自然河床被拓宽，扩大了水流断面，增强了排涝能力。同时，还增加了游憩空间[7]。因此，在城市河道改造中应优先考虑"仿自然化"的方法，在增强防洪能力的基础上，打造自然化的城市河道景观。

（二）修复生境工程

节能减排应贯穿于城市滨水景观营造的全过程。减少碳足迹，采用低碳材料、重视低碳维护与管理，以提高景观的可持续价值[8]。例如福建省"零碳公园"的减碳方式——在公园内种植具有较强释氧功能的固碳植物。公园建造过程中产生的碳排放，通过再生能源的互动装置进行抵消，对废弃材料进行了循环再利用，减少资源浪费，从而实现了二氧化碳增减的动态平衡，实现"零碳"。利用生态化海绵工程的绿化缓冲带、生态石渠、渗水铺装、人工湿地、雨水花园、雨水池塘及植物设计，以促进雨水的自然下渗、滞蓄、净化与回用[9]，从而减少城市内涝和水污染问题。这些措施都促进了二氧化碳的吸收，并能有效调节地表径流。

（三）修复生物系统

城市内湖泊湿地的退化不仅影响其生物多样性维持和水体清洁程度等，还会对其碳汇能力产生影响[10]。因此，提高固碳增汇最直接的方法，就是增加自然植物群落，发挥天然生态体系功能，从而达到"天然碳库"的目的，也就是通过增加森林、湿地和水体等，来抵消空气中的温室效应[11]。例如，四川成都"活水公园"通过种植净化水质的水生植物来平衡水质，实现水环境治理与生物多样性保护相结合。该设计对水体进行景观改造，在保持原有水体生态平衡的同时，增加植被覆盖率和植物种类等方式来提高水体中的碳含量。传统滨水规划设计以当代人的日常需求为基础，注重功能与美观，而城市滨水区的低碳景观，则是顺应可持续发展的需求，关注环境的保护与生态的平衡[12]。

三、双碳目标下的城市滨水景观设计实践

（一）泾河湿地景观公园空间概况

泾河湿地景观公园位于西安西咸新区，泾河新城的西南部，设计占地为22.14km²。泾河湿地景观公园作为泾河新城的绿色廊道，不仅是一片青翠的绿地，更是城市可持续发展的典范。同时，这里也是西安国际大都市城乡统筹发展示范区和循环经济园。本地区以低碳产业为核心，重点发展节能、环保和新能源等前沿产业。

1. 存在的问题

该项目位于黄土高原区，由于人类的开垦、森林的砍伐和过度放牧等原因，导致植被覆盖率发生了很大的变化。泾河湿地公园周边的森林资源逐年减少，导致下游湿地被泥沙破坏，耕地被洪水侵蚀；农业灌溉产生的污染也是导致该地区生态环境恶化、生物多样性丧失的重要因素。

（1）洪涝与水资源短缺。泾河是一个洪涝和缺水并存的流域，这是由季节性因素造成的。在雨季，泾河洪涝灾害导致场地无法被使用，给沿岸地区带来严重的损失。清理河流廊道与管理将耗费巨大的财力物力。比如2010

年的洪灾带来了一系列的问题，其中包括水土侵蚀、水污染和财产损失。排涝不畅，给城市表层造成洪涝压力。水库基础水利设施失修，或因违规施工建设活动造成河流多处堵塞或变窄。或在关注道路功能的同时没有充分考虑到积水风险和排水需求。而在干燥的季节，泾河沿线水管理和水使用也存在诸多问题。例如：城市地下水被工业、农业和家庭用水过度使用，导致了区域水资源干枯或消失，造成水资源严重短缺。因此，要实现河流廊道的可持续发展，就必须对季节性洪水与缺水进行智能化的规划与管理。

（2）水土流失与污染。泾河流域水土流失严重，渠化后的河道变窄，加速了水体流动，水体冲刷力增强，侵蚀河床与河岸；河道内缺乏生态多样性，由此加剧了侵蚀；同时，河道缺少天然弯道，造成了泥沙淤积。与此同时，泾河廊道内存在水体污染的问题，其污染源头主要有3个：农业生产中的杀虫剂；住宅污水基础设施渗入地下水和河流；工业过程中的有毒材料物质。因此，污染需要严格管理，清洁与管理应被重视。同时，泾河以北地区将大规模开发，须合理规划处理，避免污染物流入廊道。

（3）景观生态质量差与单作栽培。由于泾河已被开垦并用于农业生产，河道及其周围的场地被大量的农田取代后，逐渐失去了原有的自然风貌。这种人类的干预，导致了农田过度地使用化肥和农药，对廊道的生态系统造成了严重的破坏。农田中的化学物质排放导致廊道植物群落的单一化，生物多样性急剧下降。在目前的环境中，只有兔子、山羊以及少数的草种和植物能够生存。因此，当务之急是在这片场地上建设一个具有生物多样性的生态景观，以恢复生态系统的丰富性和稳定性。

（二）双碳目标下的城市滨水景观应用

1. 增碳减排策略

设计概念围绕"增碳减排"以实现双碳目标，将堤坝工程、河道湿地和水岸景观3个区域进行有机融合，形成自然重生、生态修复和碳汇种植3个层面的空间结构，并对各区域进行合理的功能布局。以城市生态绿廊为依托对现有人工渠道进行适应性改造，形成蓝绿相映的城市水系网络。

2. 设计要点

（1）提升水文环境，采用工程堤防技术。泾河洪涝治理的关键是建立一个清晰合理的季节性洪涝空间分区。根据水位的逐渐升高分为可浸没区和非可浸没区，以优化公园的季节性使用。该项目中，工程提防分为 4 个区域：百年一遇防洪堤后区 (所有永久性构筑物和城市核心活动设置在此区域)；十年一遇防洪线——滨水休闲公园区（建有非永久性设施，如雨水蓄滞湿地、运动设施和活动集会地等）；五年一遇防洪线——滨水生态公园区（偶尔被涨水覆盖，设有供人们休息、漫步、骑行等活动空间和湿地公园）；自然河道湿地区（常年被洪水淹没，也是水生态的核心区）。应限制人的进入，保护并修复动植物的重要栖息地。为了应对季节洪水与水资源短缺，嵌入海绵城市设计理念，实现调蓄湖，调节原场地的雨水渗透及滞留能力[13]。设计用于全年使用的池塘景观网络系统相互连接，能够在遇暴雨时暂存雨水，保护该区域免受洪水影响，并减少沉积物风险；在干旱季节储存和净化水源，形成一个自然疗愈的过程。

（2）恢复生境工程，利用滨水岸线。设计整合了生态修复技术中的植被型干预 (软措施)、工程型构筑 (硬措施) 和生态、工程结合 (混合措施) 来管理现场的侵蚀与沉积物的淤积。"软"性策略是针对场地易受侵蚀的部分进行软化处理及生态化改造。首先，设计利用"防浪林"创造了丰富的生态系统，稳定土壤和减缓水速，以防止雨洪的侵蚀。其次，设计采用"龙鳞地形"技术（图 1-3-3），该技术源于欧洲。通过简单的地型重塑，增加了新的支

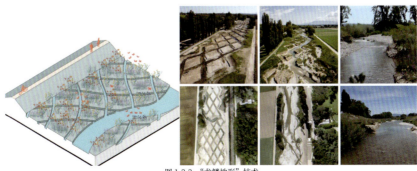

图 1-3-3 "龙鳞地形"技术
（图片来源：《There Vitalization Of The AireRiver》）

流来分散水的表面积，最大限度的减缓水流速和阻止侵蚀，促进植物生长和丰富生态。因此，它既是洪水管理技术，也是景观设计技术和生物多样性技术。"硬"性策略是设计运用格宾石笼生态护坡，主要用于高活性和高侵蚀的区域。在这些区域创造了以人为核心的安全滨水区域。"混合"性策略是将软硬策略混合，利用鱼骨堰，使用石头和种植来稳定土壤和减缓水速。它可以有效地加强对区域的保护性，同时提高场地的生物多样性。

（3）增加生物系统，构建碳汇种植的生态。为了增加碳汇，设计具有生态多样性和弹性的滨水空间，须基于本地生物群落结构及其生态关联性进行规划。设计的基础应建立在原生湿地、河流、森林、草地和农田的基础上。将场地的景观类型分为3类，即湿地与河流、草地和花田、森林。创造一个生物多样性的河流廊道，利用"森林"概念，根据区位和功能创建不同主题的"森林"。例如，在农业区可以建立"食物森林"或"果园"，这样既提高了农业产出，又增加了生态多样性。此外，引入"大森林"和"波浪森林"的概念。通过充分利用绿地的生态服务功能，利用绿地的渗水特性，有效调节雨水量，实现防洪、防涝和雨水再利用等 [14]。

通过将这些生态景观融入滨水空间的设计中，可以实现增碳的目标。同时，这些碳汇景观也能够提供生态服务，包括了水源净化、涵养水源、气候调节自然生境等，为城市的可持续发展和生态健康做出贡献。因此，在滨水空间设计中，注重生态多样性和弹性滨水空间，基于本地生态群落结构与功能特性进行设计，是提高城市利用"蓝绿碳汇"系以实现固碳能力的关键策略之一。

该项目实现了河流与城市的自然融合，串联了多种主题的湿地景观，打造了高质量的宜游湿地公园和高标准的休闲健身基地，形成了沿河生态长廊，实现了湿地生态效益与经济效益的双赢。

四、结论与建议

基于"双碳"目标下的城市滨水景观设计旨在建立系统性的增碳网络（图1-3-4）。通过工程防堤、优化绿地布局和植被配置，增加植被覆盖面积，提供增碳功能,吸收二氧化碳并减少碳排放,促进了碳循环和生态恢复。

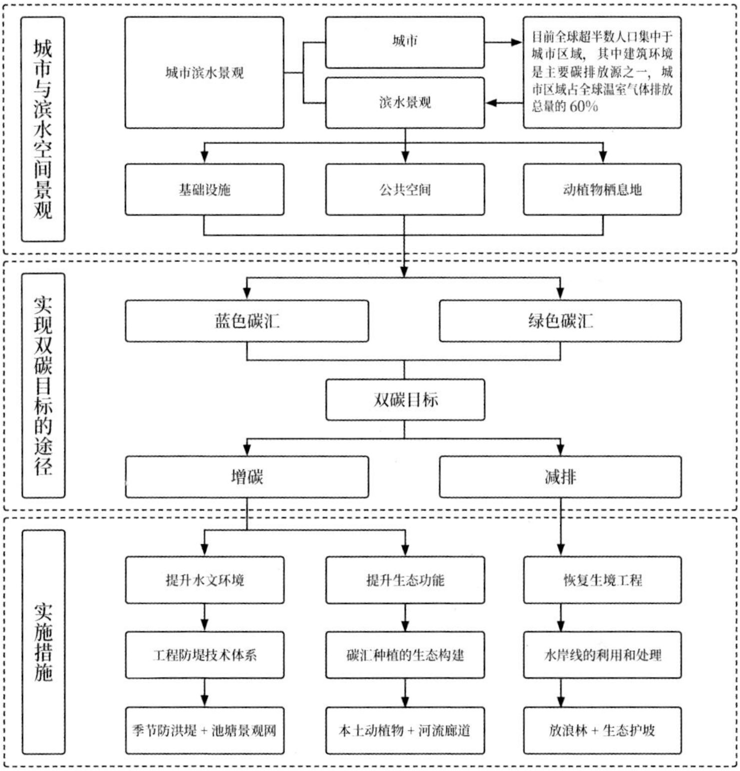

图 1-3-4 技术路线

泾河湿地景观设计通过"增碳减排"解决了以下问题。

(1)洪涝与水资源短缺。利用 4 种类型的工程防堤,同时增加池塘景观网络系统以达到改善水质和调节洪水的目的。

(2)水土流失污染和泥沙淤积。应用"龙鳞地形"和"鱼骨堰"技以减缓水流、稳定土壤和提升生态功能,实现了区域保护与提升场地的生物多样性。

(3)景观生态质量差与单作栽培。通过建立湿地、河岸植被带和滨水岸线绿色基础设施,增加了植被覆盖率和生物多样性,提高了土壤的有机质含量，增强了水体的自净能力。

　　滨水空间为城市创造了宜人的景观和休闲空间，提升了居民的生活质量。通过建立和管理"增碳减排"体系，可以实现可持续发展和生态环境保护的双重目标，为未来城市的绿色转型提供了重要的参考方向。就目前而言，我国从绿色低碳入手，加快构建清洁低碳的城市景观。从长远看，实现重点区域率先达峰，其他地区统筹降碳，区域间实现优势互补、协同并进。在当前国际与国内的形势下，我国提出"双碳"目标并积极实践具有重要的意义。

参考文献

[1] 习近平. 在第七十五届联合国大会一般性辩论上的讲话 [J]. 中华人民共和国国务院公报 ,2020(28):5-7.

[2] 周守为 , 朱军龙 . 助力"碳达峰、碳中和"战略的路径探索 [J]. 天然气工业 ,2021,41(12):1-8.

[3] 张雅欣 , 罗荟霖 , 王灿 . 碳中和行动的国际趋势分析 [J]. 气候变化研究进展 ,2021,17(01):88-97.

[4]LiliF,YufengC,QingX,etal.ImpactofEconomicPolicyUncertaintyonCarbonEmissions: EvidenceatChina'sCityLevel[J].FrontiersinEnergyResearch,2022.

[5] 王法明 , 唐剑武 , 叶思源等 . 中国滨海湿地的蓝色碳汇功能及碳中和对策 [J]. 中国科学院院刊 ,2021,36(03):241-251.DOI:10.16418/j.issn.1000-3045.20210215101..

[6] 赵 立 恒 . 碳 汇 理 念 下 的 城 市 生 态 景 观 设 计 研 究 [J]. 建 筑 知 识 ,2017,37(13):105.

[7] 谢雨婷 , 林晔 . 城市河流景观的自然化修复——以慕尼黑"伊萨河计划"为例 [J]. 中国园林 ,2015,31(01):55-59.

[8] 王贞 , 万敏 . 低碳风景园林营造的功能特点及要则探讨 [J]. 中国园林 ,2010,26(06):35-38.

[9] 彭涛 , 闫邱杰 , 曹景怡 , 等 . 多功能海绵景观设计实践——以清远飞来峡海绵公园为例 [J]. 林业科技情报 ,2022,54(03):130-133.

[10] 李威 , 李吉平 , 张银龙 , 等 . 双碳目标背景下湖泊湿地的生态修复技术 [J]. 南京林业大学学报 (自然科学版),2022,46(06):157-166.

[11] 蔡萌 , 汪宇明 . 低碳旅游 : 一种新的旅游发展方式 [J]. 旅游学刊 ,2010,25(01):13-17.

[12] 张 宁 . 低 碳 设 计——城 市 滨 水 区 景 观 设 计 研 究 [D]. 青 岛 大 学 ,2012.

[13] 彭涛 , 冯晓扬 , 符益东等 . 乡村振兴背景下农业产业园可持续更新设计策略研究——以广州花都宝桑园为例 [J]. 城市建筑 ,2022,19(19):11-16.DOI:10.19892/j.cnki.csjz.2022.19.03.

[14] 赖文波 , 蒋璐 , 彭坤焘 . 培育城市的海绵细胞——以日本城市"雨庭"为例 [J]. 中国园林 ,2017,33(01):66-71.

基于 NbS 的城市滨水景观更新设计研究

——以深圳上寮河碧道公园为例

N

0 100 200 4

01 活力水岸
02 观鸟平台
03 水岸森林
04 水岸文化墙
05 时间窗口
06 文化线性广场
07 水下森林
08 新桥剧场
09 林下运动场
10 观鸟平台
11 生态绿岛
12 花林步道
13 山海连廊
14 龙鳞湿地
15 海绵科普馆

图 1-4-1 广州从化顺兴石场改造现状

随着经济的增长，城市生态环境已不能满足人民的生活需求。自党的十八大以来，习近平总书记提出了把"美丽中国"纳入社会主义现代化强国目标，落实生态文明建设、人与自然和谐共生、污染防治等措施。城市滨水景观是兼具自然地景和人工景观的城市开放空间，对于城市的发展有着重要的意义。因此，本文将探索基于 NbS 的滨水景观更新设计，为推进我国的"生态文明建设"和"美丽新中国"政策提供参考，促进城市生态环境与社会经济的可持续发展。

一、研究目的与方法

（一）研究目的

城市滨水景观是城市重要的组成部分。但城市化进程导致了旧滨水空间的生态环境逐渐恶化，水体污染、硬质驳岸占比高、生态驳岸不达标和防洪排涝能力不足等问题。其使周边环境失去活力，已不能满足大众的生活方式。中国的河类保护修复工作，从单一要素保护修复转向整体系统恢复，其成果也初见成效。但修复过程中多数工程只是注重河道工程整改，缺乏后期监督和评估，呈现出"伪生态"状态。

随着社会经济的发展和气候变化等多种因素的影响，更多的学者开始倡导使用基于自然解决方案（NbS）来进行城乡更新，从而提高生态系统的韧性[1]。本文以深圳上寮河碧道公园（图 1-4-1）为研究对象，通过 NbS 的生态修复、重建和保护等手段，实现对自然系统的恢复和保护。合理利用 NbS 进行更新设计对城市滨水景观的可持续发展具有至关重要的意义。

（二）研究方法

本文使用文献分析和案例分析法，数据来源于中国知网，截至时间为 2023 年 4 月。以"Nature-basedSolutions"为题检索到 233 篇，剔除气候变化、碳中和、森林碳汇等主题后余下 54 篇；以城市滨水景观更新为题检索到 87 篇论文。将城市滨水空间与 NbS 理论相结合为题检索到 23 篇论文。通过 CiteSpace 时间线图（图 1-4-2），聚焦于 NbS 研究视角下的滨水景观更新设计，通过聚类之间的关系和其时间跨度，理解聚类标签须结合内部文献整体考虑。研究内容以生态保护、亲水空间、滨水公园和滨河地域文脉景观为研究重点。

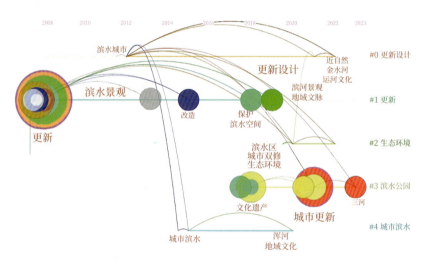

图 1-4-2 2008—2023 年 NbS 理论下的滨水景观更新设计主题词时间线图

二、基于 NbS 的城市滨水景观设计研究现状及发展趋势

（一）基于 Nbs 的方案概念与特点

NbS 概念的演变源于长期的环境保护和可持续发展实践。这一理念由世界银行在 2008 年首次提出，2009 年被《联合国气候公约》（IUCN）所采纳。2015 年，欧盟组织多个学科的科学家团队，将 NbS 界定为"源于自然并依

托于自然的解决方案，保证产生经济、社会和环境效益的同时，作为一种高效资源利用的方式，也能够应对各种挑战"。它主要涵盖了五大范畴，即生态系统保护、管理、修复、解决特定问题和基础设施建[2]。尽管关于生态系统的研究越来越多，但多侧重于单一的生态和自然研究，不能充分适应社会需求和应对挑战[3]。而 NbS 是强调从改变自然到顺应自然，有效和适应性地应对社会挑战，同时造福人类和自然。基于 NbS 为城市滨水空间更新提供稳定框架，可实现生态保护和城市发展的双重目标。

"NbS 通过改造生态系统来应对极端自然灾害，实现保护自然。其最具代表性的就是建造自然集水区来防止洪水泛滥"[4]。它是抵御洪水的物质基础，是河流两岸人民生命财产安全和经济社会可持续发展的重要保障[5]。在极端干旱的气候条件下自然集水区也可以有效地解决水资源短缺的问题[6]。通过自然生态环境建设有效缓解热岛现象，减少能源消耗，产生经济价值，为人和动植物提供良好的生存环境[7]。

（二）国内外滨水景观更新设计研究

1. 国外研究现状

国外在 80 年代以"城市复兴"为背景而进行了城市更新改造运动，其中滨水空间更新理论是其细分部分。90 年代，英国的"可持续城市水系统规划"和美国的"滨水公园理论"被先后提出。21 世纪初德国和瑞士提出了"生态城市"理论，2010 年左右美国提出了自然基础设施（NBI），欧盟提出了 NbS 理论，这些理论无不显示出人们对城市滨水景观的关注。

发达国家的城市滨水建设经历了"管渠排水→防涝→水质控制→多目标控制以恢复自然水文循环的过程"[8]，其中将 NbS 应用于滨水空间体现在以下几个方面。

（1）增强生态功能。德国根据自身对河道的修复经验，结合理论与实践，在河道治理中，倡导摒弃传统的工程化手段，将生态学理念融入河道修复中，建造更符合自然规律的河道治理工程。其强调人为干预和河流自我恢复的相互结合，旨在引导河道治理回归自然演变。

（2）恢复自然生境。韩国首尔清溪川依托 NbS 生态修复，采取了一系列措施。在上游取消边护岸，保留河流滩沙洲的自然景观；在中游采用双重步道系统应对季节涨水，设置落差河段防洪；在下游将原有防洪墙增高 15m，用于抵御百年一遇的洪水，景观设计上将设计痕迹减至最弱，充分还原自然生态景观。在防污设计上将污水管和行洪渠分流而治，将排水系统分开可以保护清溪川河流的整洁度。

从以上研究不难看出，国外的滨水空间更新经历了从关注城市复兴到自然复兴的转变，现主要以实践 NbS 为主要方法。

2. 国内研究现状

国内对滨水空间的研究晚于欧美，从 20 世纪 90 年代起逐渐得到重视。早期的城市滨水景观追求视觉效果和形式美感，融入生态系统时存在考虑不周，导致生境效果差、景观单一。以下为将 NbS 理念应用于城市滨水景观实践项目的案例。

（1）增加生态系统管理。上海后滩公园项目实践了 NbS 生态系统管理的理念，在滨水空间营造上，展现了一个有机的生态系统。在河道内种植对水体有清洁作用的植物，构建一个新的湖泊栖息地。其既治理了河流污水，缓解了城市雨洪水，又提高了生境和物种的多样性，还展示了地域文化。

（2）修复与建立泛洪区。宁波甬江公园应用 NbS 生态系统保护理念修复泛洪区，构建多种植被类型的湿草甸。湿地区域种植芦苇，形成"软性边界"生态走廊缓冲区域，其他区域种植观赏型植物景观，形成潮汐沼泽带到芦苇湿地带的景观过渡。这种变化不仅增加了城市的景观美感，同时也提高了城市生态环境的质量和多样性[9]。利用填土形成阶梯型地貌，提升地势以观赏景色，利用缓坡式地形设置明渠进行雨水处理，将雨洪转化为资源进行生态保护再利用。

以上国内案例的成功证明了 NbS 在我国具有可行性和适用性，也为我国滨水空间更新提供了有益借鉴。

3. 城市滨水景观更新设计的趋势

城市更新是对城市经济、公共设施、人文环境和自然环境等进行系统的改造过程。它从单纯改变空间形态转变为综合性的更新设计。在提升项目品质和滨水景观方面发挥了重大作用[10]。它虽然在大规模重建时期改善了滨水空间环境，解决了污水横流和空间形态等问题，得了一定的成果，但还存在着许多问题，特别是在处理自然与人的关系等方面[11]。滨水景观空间反映了一座城市的自然景观和人文风貌，其设计还应考虑保护和提升生境系统，这样才能更好地创造舒适优美的环境。

人们普遍喜欢亲水空间，这已被多项研究所证实。但多数滨水景观为了美观而打造出的硬质驳岸破坏了历史文化气息和原有的绿地资源，导致河道全线硬化，增加了洪涝的危险。

伟家祥曾提出城市滨河景观环境更新指导六原则：①生态环境保护优先原则；②人文体现原则；③地域特征保护和延续原则；④系统性与统一性原则；⑤亲水空间多样性原则；⑥滨水空间公共参与性原则[12]。

因此，应重视恢复生态植被和建立河流生态廊道以改善城市滨水景观的物理环境。城市滨水空间的更新应该以水域环境的良好生态为导向，集水利、生态、休闲和商业等功能为一体。国内外城市管理者都已经意识到，在成功治理滨水地区水环境的基础上，开展滨水景观的更新设计具有重要的战略意义[13]。

三、基于 NbS 下滨水空间景观设计的实践探索——以深圳上寮河碧道公园为例

（一）深圳上寮河碧道公园空间概况

深圳宝安区地形属冲积平原和丘陵台地地貌，地面较平坦，东北高、西南低。上寮河位于宝安区西北部，是排涝河一级支流，碧道建设范围长约

4.34km，现状河道宽 8~20m。河流在过去洪、潮、涝、污问题并存，通过在宝安区上一期水环境综合治理工程实施后，利用工程截污等手段，河道水利和水质问题均已得到明显改善。该河道基础设施相对完善，但仍存在许多问题。

1. 存在的问题

（1）防洪防涝调蓄能力不足。部分河道空间被侵占，变为暗渠，河流上方搭建楼房或改建为停车场。随着时间的推移，河道生态被破坏，调洪功能减弱，人文景观也逐渐消失。暗涵内衬结构随之产生了一定的安全隐患。防洪排涝虽然满足了 20~50 年的要求，但仍达不到深圳片区规划的百年一遇防洪标准。该河道防洪排涝标准偏低、上游洪水冲击、中下游地势低洼排水不畅、箱涵壅水严重、韧性不足，河道空间紧张调蓄能力不足的问题仍待解决。

（2）补水与污水系统不完善。上寮河枯水期径流量不足、水质差，需要人工补水以改善生态环境。补水系统以再生水为主，虽然水体质量提高了，但保障水质体系措施单一。周边城市密集，面源污染严重，污水系统不完善，雨污混流仍然存在。下游属于感潮河段，排涝河水位上涨时，易携污回流至下游段，严重影响下游段河道水质。

（3）河道两岸生态系统较差。研究范围内河流形态呈狭长的带状，河岸分为 5 种类型，分别为地下暗河、生态驳岸、垂直硬化驳岸、石笼驳岸和维持现状段。局部硬质驳岸遭到损坏，河道两侧安全设施缺失。生态驳岸景观形态均质单一，生态砖驳岸管养不善，景观效果不佳。部分区域河道水量较少和水生物缺失导致水体景观效果不佳，鸟类栖息地也较少。

（4）河道与绿地连通性较差。项目区域内河流水系与周边绿地连结性差，无法形成完整的生态网络。河道纵向割裂，河岸交通断裂；横向分隔，活动空间阻隔。道路切割使水与人的关系羸弱。项目区域内仅有 3 处市民公园，其中两处规模小，绿地品质不高，无法成为绿地系统且空间局促，缺乏弹性空间。

（二）基于 NbS 的城市滨水景观设计应用

1. 设计策略

宝安区上一期水环境综合治理实施后，上寮河河水环境有了很大的改善（图1-4-3），但仍存在河流暗渠较多、空间狭窄、驳岸硬化、生态不足等问题。因此，上寮河的滨水景观更新结合了 NbS 理论，将自然融入城市，来应对多样化的环境挑战运用模仿自然的生态系统修复、构建自然管理和生态系统的保护策略，用生态可持续的视角来解决现有的滨水景观问题。

2. 设计要点

（1）NbS 修复自然。项目河段地下暗河达到40%，导致河道空间紧张，调蓄能力不足。暗渠复明是城市规划和设计的重要手段，旨在将城市地下暗渠恢复为开放式水系，提高城市的水资源利用率和环境质量。项目复明区域为两段：①宝安大道段，现为空地、停车场和篮球场。复明长度为490m，复明比例为28%。②新上星泵站段，原上盖简易房已拆除，现河道上盖为空地。复明长度为315m，复明比例为18%。暗渠复明后，解决了箱涵段水位托顶的问题，达到了防洪的目的。开放水域面积的提升使水资源的使用率增加，同时便于河道清淤维护和排污管理。重新焕发生机的河道提升了绿地率等生态指标，增加了城市的景观生态价值。

图 1-4-3 滨水景观效果图

（2）NbS 可持续管理。NbS 可持续管理构建弹性蓝绿基础设施。采用修复湿地与河床的方法，提高了水资源利用率，改善了水生态系统的健康程度。上寮河上游补水量提升至 10 万 m³/ 天。在上中下游新增 3 处河流旁路高效湿地，利用自然高差对补水进行阶梯净化。引入河水净化系统，增加植被覆盖率和生物多样性的同时，提高湿地自净能力、水流形态和丰富生境。在中下游修复 1757m 的河床。塑造深潭—浅滩，这种形态往往既是自然演化的河道形态，也是恢复河流生态的重要方法之一。河床和堤岸生态修复通过植被覆盖和地形修整，恢复其自然状态，增加水生态系统的稳定性和生态功能，提高水资源净化和保持能力。项目内规划 2 处滞洪区湿地，以节点分布调蓄布局代替因全线拓宽带来的征拆压力。调蓄容积为 6.39 万 m³，综合暗渠复明等措施，遭遇百年一遇洪水可确保暗涵段不漫顶。

（3）NbS 调节生态。该设计在保持河道内原有的部分弯道、浅滩和深潭的优良生境基础上，引入水生植物并进行种群管理，促进生态系统的快速修复和演替。根据水的深浅种植不同功能的湿地植物带，如沉水植物、挺水植物、浮叶植物、漂浮植物、湿生植物和沼生植物等，重建湿地生态系统，修复滨水景观风貌。利用景观手法在河道内堆置 50~100cm 的块石，控制水流量以形成多变的水流形态，改善水流过于平缓的问题。同时，增强水生植物的耐水流冲刷能力，以避免暴雨期间水土大量流失。生态修复与人为介入保护后，河道水体得到改善。利用本土物种营造层次丰富的水文环境，并对河流物种群落进行优化。保证物种的多样性，使河道中的生态系统和功能得到恢复。该项目采用了四大营造措施（人工浮岛、水下森林、河堤改造、叠水驳岸）和三种河床生境（湿地、滩涂和砾石浅滩），从而增加了亲水活动空间，提升了绿地品质，满足了亲近自然的需求。上寮河案例利用 NbS 的 5 个生态策略（图 1-4-4）解决上寮河现有的滨水景观问题，从而得出了 3 个生态修复与保护管理的策略。

四、结论与展望

目前，中国正在加速发展生态文明建设，努力打造一个"美丽中国"。NbS 理念的应用不仅在城市滨水景观更新过程中为环境和生物的多样性做出贡献，也为基于 NbS 的更新建设提供了更多的路径与思考。以深圳上寮河碧道公园为载体，通过 NbS 理念进行修复自然，使暗渠复明缓解洪涝灾害；构建可持续管理，模仿自然河道对湿地河床修复的同时提升污水净化率；调节生态系统，保护并重塑生物多样性，使河道中的生境系统及功能得到恢复。人们通过 NbS 对环境进行低影响改造的同时也获得了经济效益和环境效益，这对未来的城市滨水景观更新设计的可持续发展和建造健康的生态系统具有至关重要的意义。

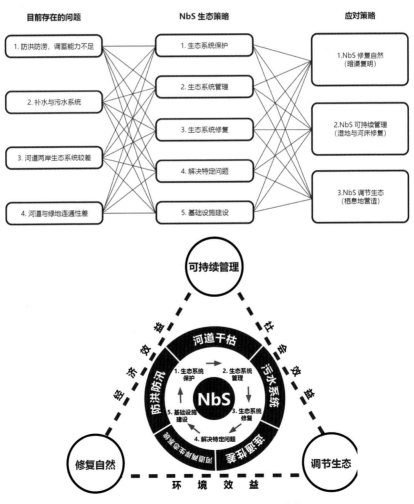

图 1-4-4 上寮河 NbS 视角下的生态保护修复管理策略

参考文献

[1] Mark Scott, Mick Lennon. Nature-based solutions for the contemporary city[J]. Planning Theory&Practice, 2016, 17(2).

[2] Cohen-Shacham E, Andrade A, Dalton J, etal. Core principles for successfully implementing and upscaling Nature-based Solutions[J]. Environmental ence&Policy, 2019, 98:20-29.

[3] 王志芳, 简钰清, 黄志彬, 等. 基于自然解决方案的研究视角综述及中国应用启示 [J]. 风景园林, 2022, 29(06):12-19. DOI:10.14085/j.fjyl.2022.06.0012.08.

[4] Zandersen, Marianne, etal. Nature Based Solutions for Climate Adaptation-Paying Farmers for Flood Control[J]. Ecological Economics, 2021.

[5] 彭涛, 张振明, 刘俊国, 等. 基于生态服务功能的北京永定河生态修复目标研究 [J]. 中国农学通报, 2010, 26(20):287-292.

[6] As A, Trb E, Ttb C, etal. Climate Impacts on the agricultural sector of Pakistan: Risks and solutions[J]. Environmental Challenges, 2022, 6.

[7] Raffaele Lafortezza, Giovanni Sanesi. Nature-based solutions: Settling the issue of sustainable urbanization[J]. Environmental Research, 2019, 172.

[8] 赖文波, 蒋璐, 彭坤焘. 培育城市的海绵细胞——以日本城市"雨庭"为例 [J]. 中国林, 2017, 33(01):66-71.

[9] 李程, 廖菁菁. 探索基于自然的解决方案中景观设计的角色变化——对20年专业实践的反思 [J]. 风景园林, 2022, 29(06):33-47. DOI:10.14085/j.fjyl.2022.06.0033.15.

[10] 刘宇, 蒋娟. 基于城市更新理论下的带状滨水空间设计研究——以天津耳闸公园景观改造为例 [J]. 艺术与设计 (理论), 2021, 2(10):63-66. DOI:10.16824/j.cnki.issn10082832.2021.10.013.

[11] 李永春. 我国城市滨河旧区景观规划设计与更新研究 [D]. 同济大学, 2008.

[12] 韦家祥. 城市滨水景观更新设计研究 [D]. 安徽农学, 2019. DOI:10.26919/d.cnki.gannu.2019.000360.

海绵城市理念在文化空间中的实践

——以深圳光明文化艺术中心为例

图 1-5-1 深圳光明文化艺术中心鸟瞰图

　　随着城市化进程的加速，海绵城市建设成为解决城市水环境问题的重要途径。深圳光明文化艺术中心（图 1-5-1~ 图 1-5-7）作为粤港澳大湾区新兴文化地标，总建筑规模达 130000m^2，填补了光明区专业文化场所的空白。作为深圳唯一获得绿色建筑三星和海绵城市建设双认证的文化艺术综合体，项目团队提出"海绵艺术园""的设计理念，将海绵技术、文化艺术与田园景观三者有机融合。通过多维海绵景观系统、创新透水铺装、参数化设计等技术手段，项目实现了 74.3% 的年径流总量控制率，每年节约 60% 的自来水消耗。该中心不仅满足了光明区市民的文化需求，还打造了立体化雨水管理系统，形成集展览、演艺、休闲于一体的文化生态综合体。这一创新实践为城市文化空间的生态化、智能化发展树立了标杆，展现了绿色技术与人文艺术的完美融合，为未来城市可持续发展提供了新思路。

图 1-5-2

图 1-5-3

图 1-5-4

图 1-5-5

图 1-5-6

图 1-5-7

一、项目详情

（一）项目概况

深圳光明文化艺术中心坐落于光明区的中央地带。该项目占地约达 3.8 万 m^2，总建筑规模达 13 万 m^2。光明文化艺术中心是深圳北部片区的重要文化设施，其规模、功能和建设标准处于区域领先水平，是粤港澳大湾区新兴文化地标，同时也是光明区绿色生态廊道建设的关键节点。光明文化艺术中心填补了光明区专业文化场所的空白，为 48 万市民提供了演艺、展览和文化活动空间。该中心也是深圳唯一获得绿色建筑三星及海绵城市建设双认证的文化艺术综合体，体现了智能化和生态化的建设理念。

（二）设计思路

光明区作为深圳市的国家海绵城市试点区域，项目团队基于此提出了"海绵艺术园"的设计理念，提取了光明区的"海绵技术""文化艺术"和"田园景观"三个设计要素进行融合性设计。设计以田园景观为基底，将文化艺术元素与海绵城市理念有机融合，实现工程技术、人文科学与景观艺术的跨学科整合，打造独特的生态艺术景观综合体。在激发城市活力及振兴区域经济的同时，也改变了人们的精神生活。通过以海绵城市理念为基础的生态设计与景观相融合，实现调节城市微气候，改善城市热岛效应，减小城市碳排放的愿景，为未来的城市建设提供新的范例[1]。

二、基于海绵城市理念的景观设计

整体方案以"海绵艺术园"为主题，项目团队将海绵城市的生态理念融入整体景观环境中，注重对新材料、新工艺和新技术进行探索和研究，如透水铺装与石材混铺工艺、侧壁式生物滞留池溢流、参数化设计、BIM 技术应用、环境监测等创新技术的应用，以及这些技术在场地中的综合效能。从使用者体验出发，项目在景观设计中融入艺术元素，营造既美观又符合持续发展绿色生态公共空间。

（一）构建多维海绵景观系统

项目在设计初期时就对场地进行了海绵城市的评估与计算，并以此为基础构建了多维度立体化的海绵景观系统（图1-5-8）。展示性雨水花园和生物滞留设施可净化雨水[2]；下沉式绿地和屋顶绿化系统可增强雨水滞留的能

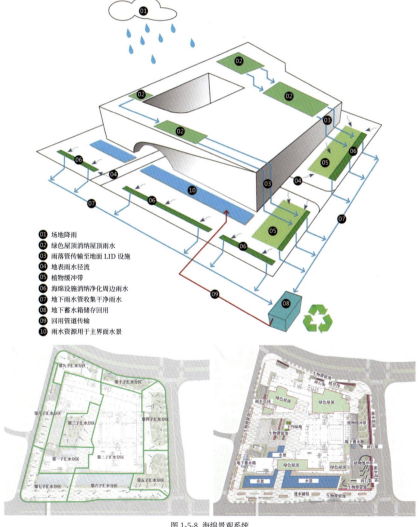

01 场地降雨
02 绿色屋顶消纳屋顶雨水
03 雨落管传输至地面 LID 设施
04 地表雨水径流
05 植物缓冲带
06 海绵设施消纳净化周边雨水
07 地下雨水管收集干净雨水
08 地下蓄水箱储存回用
09 回用管道传输
10 雨水资源用于主界面水景

图 1-5-8 海绵景观系统

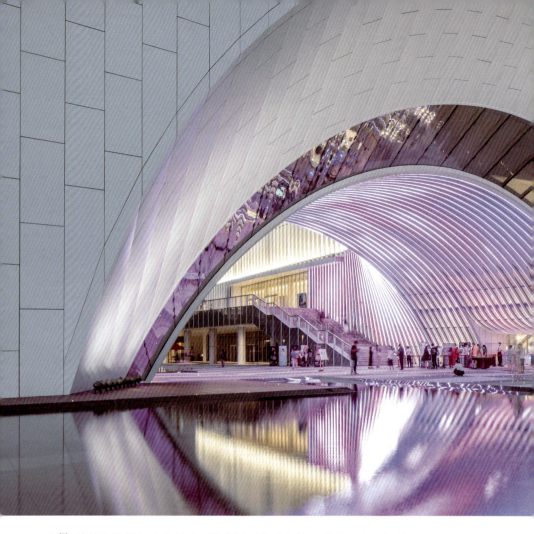

力[3]；植被防护带与生态型碎石排水渠可构建立体互联的雨水收集处理网络。场地内还设置了 750m³ 的地下蓄水池，用于储存收集的雨水[4]。该系统实现了 74.3% 的年径流总量控制率、56% 的面源污染削减率和 50% 的透水铺装覆盖率，全面符合深圳市海绵城市建设的相关标准。项目团队将绿色基础设施与景观艺术有机结合，打造出兼具生态功能与美学价值的高品质海绵景观，突破了传统海绵城市设施的单一工程化形态。

为此，项目团队进行了多项创新与突破：定制仿石材透水铺装与石材混铺，兼顾雨水下渗功能与石材质感；设计隐藏式侧壁雨水溢流口，取代传统粗糙的雨水溢流井；打造展示型雨水花园，向公众直观的呈现海绵设施结构及雨水管理过程。

在建筑主入口前，设计团队打造一处 170m 长，18m 宽的镜面水景（图 1-5-9）。水景如镜，将主入口的拱形结构倒映于水面，呈现出独特的"光明之眼"

图 1-5-9 入口镜面水景

视觉意象。水上拱门象征着面向世界文化的窗口，寓意"在光明区，看世界"。

这一设计不仅成为广受欢迎的打卡地标，而且还通过镜面水景弱化了建筑体量，营造和谐舒适的空间体验，消解了建筑带来的压迫感。

为保障水景的可持续运行，项目团队在地下车库建造了两个 750m³ 的雨水蓄水池。收集的雨水经多级过滤净化后，用于 3000m² 水景的补水和循环使用，预计每年可节约 60% 的自来水消耗。蓄水池不仅降低了运营维护成本，还可在暴雨期间作为调蓄设施，缓解市政排水压力。

（二）坡地研究和可持续设计

本项目的核心挑战在于基地东侧的坡地。该区域地形复杂，呈现出北、东、南三面环坡的空间形态。场地高差达 9.6m，坡度超过 4.9%，横向宽度仅为 26m，整体空间呈现狭长而陡峭的特征。这种空间形态不仅容易使人产生局促压抑的感觉，而且还因雨水径流影响存在水土流失的风险。

鉴于东侧坡地的复杂性，项目团队秉持尊重场地原貌的原则，尽量减少对土壤和水文的干扰。为消解高差并有效管理雨水，设计方案采用了台地式多功能三维立体挡墙[5]。基于多向坡的现状，团队运用模型推演和参数化设计，最终呈现出兼具挡墙、座椅、排水渠和消能坎等多重功能的三维异形参数化渐变挡墙（图 1-5-10）。该设计不仅功能完备，而且还在视觉上呈现出了丰富的层次和趣味性。在坡地外侧的低洼地带，设计师规划了一系列带状雨水花园，结合石笼挡水坎的设置，既能收集人行道和坡地的径流，又能减缓水流速度，从而避免水土流失。在东侧坡地最低处，设计团队还打造了一处特色雨水花园，通过地下管网系统链接各个花园单元，地上空间高低错落，营造出独特的生态景观美学意境。

（三）多功能的文化雨园

合院建筑的中庭容易积聚屋面径流，带来雨水管理压力。为此设计团队采用"田"字形雨水花园系统（图 1-5-11）进行场地适应性设计。该系统地下部分构建了多级渗滤系统，采用高保水性土壤基质、粗粒砂、级配砾石和

图 1-5-10 坡地雨水花园营造

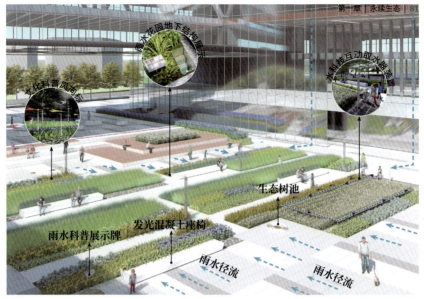

图 1-5-11 多功能雨水花园营造

多孔渗透管依次层叠，以提高雨水的滞蓄、过滤和入渗效能，并将过量雨水输送至地下蓄水池[6]。地上部分则种植植被，营造景观效果。该设计方案既有效解决了雨水管理问题，又延续了中国传统建筑"四水归堂"的文化内涵。

项目中庭不同于外围的观光游览区，重点打造了多个集散型活动空间。其中最具特色的是可举办音乐节、产品发布会等大型活动的架空广场。L型台地围合形成了适合小型文化交流的场所，林下区域则设置了互动取水器、文化风向标、文化地刻等趣味装置，营造了休憩氛围。为确保空间使用的灵活性，设计团队特别选用了可移动的轻质发光混凝土座椅。同时，中庭区域提供了不同程度的遮荫空间，营造舒适宜人的停留环境。

建筑入口处设置了一组独特的艺术装置，由300余根圆柱巧妙组合，构筑出山峦般的轮廓。设计团队通过参数化技术，确保这件作品从任何角度观赏都能呈现出独特的视觉韵律。当阳光穿透其间，层层叠叠的反光效果仿佛山间云雾流动，营造出空灵通透的意境。这组装置不仅标示入口位置，还形成了独特的视觉焦点。其流畅的轮廓与"光明之眼"主题相呼应，让空间显得更加轻盈活泼。其展现了光明下的自然之美，寓意着光明之外是广袤世界，光明之内则承载着乡愁与情感的寄托。

（四）展示型雨水花园设计

项目在西侧低洼区，打造了一处海绵城市示范区（图1-5-12），作为雨水管理与生态科普的教育基地。

图 1-5-12 多功能雨水花园营造

通过可视化设计，展示了屋面径流在此进行滞留、渗透、净化及蓄存的完整的水文过程。采用透明亚克力板材质的剖面式展示墙体，清晰呈现了高位雨水花坛的层级结构，并与生态石笼工法相结合，形成了具有围合感的驻留空间。渗透性碎石铺装作为花园入口的转换空间，构建了集教育、休憩和观赏功能于一体的多功能场地，体现了海绵城市理念与景观设计的有机融合。

（五）具有导视功能的透水铺装设计

场地四周均设有出入口，人流动线较为复杂。设计团队基于场地活力分布和人流密度预测，运用参数化算法设计了具有导视功能的渐变铺装系统，以增强空间的视觉引导性。同时，团队创新性地采用了 74° 平行四边形单元模块进行铺装，使铺装肌理与建筑形态和谐统一，通过规律性的排列组合创造出独特的视觉韵律，巧妙地呼应了抽象化的田园意象。

（六）屋顶花园

图书馆和美术馆的屋顶花园融合了雨水管理系统（图 1-5-13），并设置了表演舞台、露台和室外沙龙等多样化的活动空间。为平衡大面积硬质铺装带来的雨水径流问题，屋顶延续了透水铺装与石材混铺的技术 [7]，结合线性

图 1-5-13 屋顶花园营造

碎石沟来滞蓄雨水，同时考虑荷载问题，选择轻质土壤和观赏草共同构建下凹绿地和雨水花园[8]，形成简约大气的景观效果。

三、创新技术的应用与实践

（一）透水铺装混铺工艺创新

为了满足 50% 的透水铺装率的海绵建设指标[9]，项目团队与材料厂商合作研发定制了仿石材透水铺装，选用耐脏的黑色和灰色，便于后期养护。透水砖因硬度要求，其厚度为传统石材的3倍以上，施工工艺也因此有所调整。为降低施工难度，团队在定制过程中为透水砖增加了透水垫层，使其与砖体厚度统一，从而有效地减少了施工复杂性和人力成本。

（二）创新设计：隐藏式侧壁溢流系统的应用

主入口前广场前仅有 20m 的线性空间，设计师通过两条线性生物滞留池分割步行空间和骑行空间，并配植观赏草以提升景观效果。开放式的空间设计与市政空间自然衔接，提升了行人可达性。针对传统生物滞留池施工中溢流井体积过大、效果突兀的问题，设计师巧妙地将溢流口隐藏于池壁侧面，妥善解决了这一施工难题。

（三）参数化设计技术应用

项目大量运用参数化设计，用于打造异形且复杂的景观小品，包括无观赏死角的山形雕塑和多功能异形挡墙等，该技术显著降低了施工难度和成本。例如山形雕塑由 300 多根密集的圆柱排列组合而成，通过参数化软件在预制石材上进行定位，极大地简化了现场打孔和安装流程。

（四）轻质发光混凝土材料应用

本项目创新性地采用轻质发光混凝土作为座椅材料。该材料兼具优异的透光性和绝热性，在降低照明能耗的同时，实现了独特的艺术效果。低比例的光学复合材料确保了座椅的结构强度和使用寿命。此外，轻质的特性使其便于移动，能够灵活适应不同场景的空间变化。

（五）互动灯光智能化应用

项目主入口区域设置了模拟星空效果的呼吸灯装置（图 1-5-14），其亮度变化由计算机程序控制，呈现出渐强渐弱的动态循环，形似呼吸的韵律，以引导人流方向并营造独特的入口空间氛围。项目团队还在中庭架空层设计了天花灯光投影互动装置，通过程序联动控制实现多样化的互动效：当场地内人数不超过 3 人时，光束以单人为中心向四周渐亮，营造水波纹效果，随着人数增加至 5 人，光束转为追随模式，与人员移动形成互动，超过 5 人时，则触发光束闪烁效果，呈现林中漫步的光影感觉。

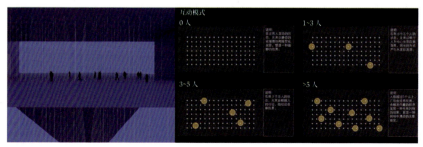

图 1-5-14 灯光智能化应用

（六）展示型雨水花园的创新设计

该雨水花园（图 1-5-15）通过多个科普展示系统，全方位展现了雨水管理的创新应用。

在收集环节，屋面雨水系统展示了雨水的传输、沉淀、净化与收集全过程；在处理环节，高位雨水花坛通过亚克力板展示了完整的剖面结构，包括覆盖层、介质土、细砂净化层和碎石排水层；在利用环节，互动水景系统通过地下蓄水箱实现雨水循环利用。此外，设计师还巧妙运用碎石渗池和石笼结构，打造了集雨水滞蓄、休憩和科普体验于一体的围合空间。

（七）互动取水器的创新应用

中庭区域的互动取水器与地下蓄水箱连通，取水方式采用按压式，并在出水口沿着下方雨水花园的轮廓连接一圈输水渠。人们只须按压取水器的蘑菇头，就会有涓涓流水通过地下蓄水箱至输水渠中，溢流的雨水形成滴水景观并滋养着下方的植被。它为人们直观地提供取水的乐趣和雨水管理的相关知识，成为一处寓教于乐的互动科普景观。

图 1-5-15 展示型雨水花园设计图

四、效益评价

光明文化艺术中心在能源管理上，创新了灯光设计并减少了 34% 的用电量；在环境调节方面，屋顶绿化帮助实现了噪音的控制、排风排污的控制并减少了热岛效应；在水资源利用上，水景结合地下蓄水池，每场降雨可调蓄雨水总容积达 1422.4m³, 可以抵御 5 年一遇大暴雨, 同时大面积的雨水收集和资源化利用则减少了 60% 的自来水消耗。项目还设置了智能风向标、互动取水器等科普设施, 提升了公众对生态城市建设的认知。

光明文化艺术中心为未来的绿色城市公共空间建设提供了新的思路和方向: 通过艺术手法诠释海绵景观, 引领人们体验另一种亲近自然的生活方式, 包括互动取水器、文化风向标、互动智慧灯光、展示型雨水花园在内的科普设施设计不仅向公众传递着可持续的生态理念, 还引导人们对未来生活的期望和思考。自然不仅是朴素的也是精致的, 文化不仅是沉稳的也是生动活泼的, 生活不仅是忙碌的也是悠闲的。学会平衡, 方是人与自然的相处之道。

五、结语

光明文化艺术中心将海绵城市理念融入文化空间的建设, 为城市生态与文化发展提供了新思路。通过"海绵艺术园"的设计理念, 实现了生态技术、文化艺术与景观设计的有机结合, 体现了绿色建筑与可持续发展的深度融合。无论是多维海绵景观系统的构建, 还是雨水资源回用技术的创新应用, 该项目不仅突破了传统海绵城市的技术边界, 还展现了文化空间在生态可持续领域的无限可能。

作为深圳市获得绿色建筑三星及海绵城市双认证的标杆项目, 光明文化艺术中心不仅满足了光明区市民的文化需求, 更以其生态化、智能化的设计提升了城市的整体形象与品质。项目的成功实践为未来城市建设提供了宝贵的经验和示范作用, 充分体现了现代城市在绿色发展与文化传承中的责任与担当。光明文化艺术中心的建设是光明区亮丽的名片, 更是粤港澳大湾区绿色发展和文化创新的生动缩影。

参考文献

[1] 俞孔坚,李迪华,袁弘,等."海绵城市"理论与实践[J]. 城市规划,2015,39(06):26-36.

[2] 阎波,付中美,谭文勇. 雨水花园与生态水池设计策略下城市住区水景的思考[J]. 中国园林,2012,28(03):121-124.

[3] 张亮,俞露,任心欣,等. 基于历史内涝调查的深圳市海绵城市建设策略[J]. 中国给水排水,2015,31(23):120-124.DOI:10.19853/j.zgjsps.1000-4602.2015.23.031.

[4] 杜建康,李卫群,陈波,等. 雨水调蓄塘在防治城市内涝中的应用[J]. 给水排水,2012,48(10):39-43.DOI:10.13789/j.cnki.wwe1964.2012.10.019.

[5] 杜家慧,薛祥山,邹蓉,等. 具有高原阶梯型坡地特点的海绵城市设计案例[J]. 中国给水排水,2020,36(16):30-34.DOI:10.19853/j.zgjsps.1000-4602.2020.16.006.

[6] 车生泉,谢长坤,陈丹,等. 海绵城市理论与技术发展沿革及构建途径[J]. 中国园林,2015,31(06):11-15.

[7] 王俊岭,王雪明,张安,等. 基于"海绵城市"理念的透水铺装系统的研究进展[J]. 环境工程,2015,33(12):1-4,110.DOI:10.13205/j.hjgc.201512001.

[8] 曹传生,刘慧民,王南. 屋顶花园雨水利用系统设计与实践[J]. 农业工程学报,2013,29(09):76-85.

[9] 程小文,姜立晖.《海绵城市建设评价标准》主要指标释义[J]. 城市住宅,2019,26(08):13-15.

永续营境

SUSTAINABLE ENVIRONMENT CONSTRUCTION

第二章

怡人生境

人类自诞生以来，对理想家园的追寻从未停歇。从远古依山傍水的原始部落，到如今高楼林立的现代都市，我们始终在探索人与自然和谐共生之道，努力打造舒适、安全且充满生机的居住环境。人居空间早已不是简单的遮风挡雨之所，它更是文化、社会与生态的综合呈现。

在这个快速变迁的时代，人们对居住空间的追求已不再局限于物质层面，精神需求也日益凸显，因此"怡人生境"理念应运而生，它不仅是一种设计理念，更是一种生活哲学，旨在系统性地营造美好生活。本章将深入探讨怡人生境的定义、理论基石、核心价值、实践案例及未来展望，为构建和谐人居环境提供理论与实践支持。

一、怡人生境定义

怡人生境的概念源于生态学中的"生境"理论。最初，生境指的是生物生存的特定环境。但在人类社会中，生境的内涵早已超越了单纯的物理空间，它是一个多维度的复合系统，涵盖了自然环境、文化脉络、社会关系及个人精神层面的相互作用。

在中国传统文化里，"怡"字饱含愉悦、和谐与安宁的美好意境。因此，怡人生境代表着一种更为丰富、深刻的空间营造理念。它不仅要满足人们的基本生存需求，更要滋养精神世界，营造出能抚慰心灵、激发创造力的栖息之所。这是一种将自然、社会、文化与人和谐统一的全新居住理念。

二、怡人生境的理论基石

（一）生态共生：自然的和谐系统

怡人生境的核心理念是实现人与自然的和谐共生，摒弃单向的征服与改造。这要求设计必须遵循自然规律，在尊重生态系统完整性的基础上，将人类活动对环境的负面影响降到最低，并积极修复受损的生态环境。

实现生态共生需要运用系统性的生态学方法，主要体现在可持续材料和技术的应用上，如雨水收集系统、生态绿化和保护生物多样性等。在实际操作中，可以选用在地植物进行绿化，节约水资源，使用可降解材料，提高能源使用效率，逐步构建生态友好型居住环境。

（二）文化传承：记忆的空间叙事

设计应尊重并传承地方文化，实现其与现代生活方式的融合。这不仅体现在建筑风格和景观设计的地域特色上，更体现在对当地文化内涵的深刻理解与创新表达上。通过把传统建筑元素、工艺技法和文化符号融入现代设计，打造出既符合现代人生活需求，又富有深厚文化底蕴的人居空间。

（三）社会关系：包容的空间设计

怡人生境的社会关系设计以包容性和互动性为核心，致力于营造和谐的社区生态。运用社会学原理，设计充分考虑不同人群的多元需求，打造开放、包容的公共空间，促进邻里交流与互助，增强社区凝聚力。

社区空间设计可以从 3 个维度推进：①构建开放式公共空间，方便居民日常互动；②设置多功能社区活动中心，提供丰富的社交场景；③建立便捷的社区沟通平台，确保居民意见能及时得到回应。

（四）精神栖息：以人为本的设计

以人为本的设计需要挖掘人的内在需求，通过心理学原理和空间营造手法，创造能够滋养心灵的生活环境。这种设计不仅关注物理空间的舒适性，也注重满足居民的精神追求。通过营造静谧休憩空间、文化活动场所和自然景观区域，实现身心放松，从而提升生活品质。

三、怡人生境的核心价值

（一）提升生活质量

良好的居住环境有助于提高居民的生活质量，促进居民的身心健康。研究表明，绿色空间与心理健康密切相关，有助于缓解焦虑和疲劳感。怡人生境通过提升居住环境的舒适度、安全性和便利性，显著改善居民的生活品质，使人们在宜居的环境中不仅享受更高的物质生活水平，还能获得身心愉悦和幸福感。

（二）促进生态可持续性

面对全球气候变化和资源短缺的严峻挑战，构建生态友好的居住环境至关重要。要实现怡人生境需要通过科学的资源利用和环境保护措施，有效减缓生态境衰退的问题。设计应充分尊重生态系统的平衡、稳定与多样性，采用可再生材料与先进节能技术，积极推动生态的可持续发展。

这意味着从设计伊始就要将环境保护放在首位，选用环保材料，运用节能技术，最大程度地减少对环境的影响。同时，要加强对居民的环保教育，鼓励他们积极参与环境保护实践。

（三）文化传承与创新

在快速城市化进程中，地方文化基因被现代化浪潮和城市化逐渐稀释。怡人生境强调文化的传承与创新，通过融入地方文化元素来保护和弘扬传统文化，增强社区的文化认同感。

设计须尊重历史文脉，赋予传统新活力，使其在现代生活中焕发光彩。这要求设计师深入研究当地文化背景，将传统元素与现代设计理念结合，打造既有文化内涵又符合现代生活需求的居住空间。

四、怡人生境的实践范式

以下案例将从生态与环境设计、文化与传承和社会与人文关怀 3 个方面，展现怡人生境理念的实践智慧。

（一）生态与环境设计案例

1. 东莞光大"天骄峰景"居住区

该项目通过合理的植物配置和空间布局，打造生态友好的居住环境。设计注重提高绿化率，选用本土植物以降低维护成本。同时为小区提供了适宜的栖息环境，促进了生物多样性的提升，充分体现了生态共生理念在居住区建设中的应用。

2. 英德市璞驿酒店低影响开发实践

该案例探讨了在偏远地区应用低影响开发设施（LID）的可行性。通过对英德市璞驿酒店花园的设计分析，展示了如何结合当地自然条件，设计出具有地方特色的 LID 系统。项目利用雨水收集和渗透性铺装等技术，减少了开发对环境的影响，强化了景观的生态功能，体现了可持续发展理念在偏远地区建设中的应用。

（二）文化与传统传承案例

1. 余荫山房的当代转译

该案例以余荫山房为原型，探讨了如何在现代设计中传承岭南园林文化。通过对传统园林元素的创新运用，将地方文化与现代生活相结合，创造出富有文化深度的空间，体现了文化传承理念在传统建筑保护与现代化改造中的应用。

2. 白天鹅宾馆景观的重生

该案例以广州白天鹅宾馆景观为切入点，探讨了现代景观设计中传承岭南园林文化的方法。通过对宾馆周边空间的改造，融合岭南水乡意象、传统植物和现代景观元素，创造出尊重历史、充满活力的开放性景观空间。设计将建筑、水景和绿植巧妙交织，不仅保护了场地文化记忆，还为城市生活提供富有诗意的休憩场所，体现了景观设计中文化传承与创新的内涵。

（三）社会与人文关怀案例

1. 淄博张店儿童友好公园

本案探讨了如何基于儿童友好理念进行城市公园的更新。项目通过设置安全的游乐设施和丰富的活动空间，为儿童创造了一个适宜成长和发展的环境。案例聚焦了儿童在城市空间中的重要性，展现了如何通过设计提升儿童的生活质量。

2. 广州琶洲保利天悦和熹会老年友好社区

该案例以广州琶洲保利天悦和熹会老年友好社区为例，探讨了现代城市社区如何设计适老环境。通过对老年人需求的深入分析，项目展示了如何打造一个安全、舒适、便利的居住环境。设计中注重无障碍设施的适老化策略，从而提升了老年人的生活质量。

五、通往怡人生境的路径：多方协作与关键策略

营造怡人生境需要设计师、规划师、政策制定者、社区居民及相关专家的共同努力。

建立多方协作机制，确保设计的合理性和可行性。关键实施策略包括跨学科协作、技术创新、社区参与及持续评估。跨学科协作整合不同领域的知识，为技术创新提供有效解决方案，社区参与可确保设计符合实际需求，而持续评估可则可保证项目的长期有效性。

通过共同努力，各方可以推动怡人生境的建设，创造出和谐、舒适的居住环境。

六、结语

怡人生境不仅是一种设计理念，更是人类对美好生活的追求。它体现了在复杂的现代社会中，其运用系统性思维，重构人与自然、人与社会的和谐关系。该理念超越了传统的空间设计，将居住环境视为一个有机的生态系统，关注人的整体需求，包括生理、心理、社会和文化等多维度体验。

在未来，怡人生境的发展将更依赖于跨学科协作和技术创新。人工智能、生态技术和社会学洞察等将成为推动这一理念的关键力量。我们须建立更开

放、灵活的设计范式，让人居空间真正回应人们的内在需求。最终，怡人生境的意义在于唤起人们对美好生活的想象与追求，成为重建人与世界关系的全新范式。

浅谈居住区环境与园林设计

——以广东东莞光大「天骄峰景」为例

图 2-1-1 天骄峰景

当今，风景园林事业蓬勃发展，居住区环境和园林建设已得到社会的高度重视。为了满足人们对自然环境的精神与物质需求，以人为本，创造"天人合一"、自然与人文相结合的宜居环境，已成为居住区总体规划和园林规划设计的目标。为此，园林设计师在传承中华民族文化总纲和中国园林传统的基础上[1]，对营造生态健全、环境休闲、景观优美、寓教于景的居住区环境设计思路，以及优质环境对居者身心健康的有益影响等方面，作出了积极有效的探索与创新。2005年，GVL国际怡境景观设计公司承担了广东省东莞市光大"天骄峰景"（图 2-1-1）居住区环境总体规划方案和设计。该建设项目于2007年完成，得到社会的认可，并荣获联合国颁发的2007年度"全球人居环境幸福社区创新奖"及中国地产总评榜"2007年中国城市中心区首席名宅"等桂冠。本文将就该项目的主要设计理念和方法与同行进行探讨。

一、立地条件和总体布局

建设地块位于广东省东莞市东城区中心，生活与交通便利，坐拥优越的地理位置和自然景观资源。用地面积达 132,500m²，规划人口为 5902 人，建筑、道路、公建配套设施基底占地总面积达 25,350m²，总建筑面积达 508,372m²。

基址以外，其南向，近邻虎英湖（水库）；其东南向，与峰景高尔夫球场隔路相望；其西南向，极目远眺可观东莞龙脉黄旗山；其西北向，毗邻旧居民住区，建筑密集，现状杂乱。基址以内，地块呈东西向狭长形状，南北进深小；地势北高南低，北部有一自然土山，相对高度约为 18m，植被茂盛，结构趋于稳定；南部地形低洼，下凹深度约为 8m。据"天骄峰景"居住区总体规划方案确定，高层别墅建筑的整体布局，呈东西向流线型横排环抱式，安排于地块之中部稍偏北，建筑层高为 95m；幼儿园及会所，建筑层较低。在高层建筑南向的地势低洼区域，建造半地下室车库，且利用车库的顶面部分，营构具有东西向水系的水景园区，名曰"天湖"，占地约 94,650m²。其中，超大型人工湖湖面积约达 40,000m²，绿化种植面积 54,650m²。居住区北部为圆形自然土阜，高约为 18m。在保护原地形地貌和原有古树基础上整理地形，完善山体，充实乡土树种，营构山林园区，占地面积达 12,500m²。

二、环境与园林景观之规划构思及设计手法

"天骄峰景"居住区环境总体规划（图 2-1-2）与园林设计的构思遵循中华民族"天人合一"的文化总纲，以"亲山、亲水、亲自然"为主题，采用写意自然山水的风格；以人为本，创造生态健全、宁静优美、舒适休闲、安全方便、保障隐私、陶冶性情的人居环境，使居者回归自然，从天然的大自然和人工塑造的"第二自然"中得到物质和精神的享受。以宽阔的"天湖"景观，提升居者的尊贵感；在远山近水的烘托下，与"天骄峰景"的名字相呼应。

（一）环境资源借鉴与"第二自然"之重塑

我国古有"天下为庐"之说，主要体现为"用地之地宜，兼具顺从与局

图 2-1-2 天骄峰景平面图

部改造”两方面。“天骄峰景”居住区环境与园林景观规划构思顺从自然环境，并因地制宜做局部改造。注重环境资源的因借，“俗则屏之，嘉则收之”。

区内整体高层建筑呈东西向环抱式一字形展开，一律朝向南面。南向视野空旷开阔，于界址之外，分别将东、南、西三面的峰景高尔夫球场、虎英湖（水库）及黄旗山脉纳入居住区的整体景观之中，打破了住区内外的视野界线；于界址之内，利用南部洼地内半地下室车库之顶面营造“天湖”水景，整个园区气势恢宏，景观奇特。

在造园“巧于因借”的艺术手法中 [2]，就低凿水，开辟湖面，乃属造景之“情理之中”。但因人工湖建在洼地内半地下室车库之顶面，致使湖面位置及其常水位的标高大于周边绿地和南侧居住区围墙外市政道路的标高，其高度超出 6m，超越了路人视点以上，创造了“湖中之水天上来”的意境，达到了令人惊叹造的造景意料之外的效果。同时，可引发路人在透过围墙、穿越 6m 高的绿坡来观赏居住区美景时，对“天骄峰景”题名的联想。中心湖面与东、西两侧狭形湖面之间，分别设计了 1m 的高差，营构湖水之来源

与去向的跌水景观，致使平静的湖景又稍有动感，产生了"静中有动"的园林艺术效果。北部利用自然土阜和原有植被构成山林园区，自成天然之趣。居住区西北部外的景观杂乱，以高墙、丛林屏之。

"天骄峰景"居住区层高达95m的别墅建筑具有"会当凌绝顶，一览众山小"的俯瞰优势，观景视野可达10km。登高眺望，远借东莞龙脉黄旗之氤氲山色，借虎英湖之碧澄水色和峰景高尔夫球场之绿茵草坪，近揽"天湖"水景园区之"汪洋波光"和起伏地形及修竹、茂林和芳草，景观层次丰富。别墅建筑与内外山水空间相互渗透、相互延伸，远山、近水、葱绿植被等大自然环境与人工景观融为一体，气势宏伟。正可谓"极目楚天舒"，令人心旷神怡。

在居住区内设计的可与大自然媲美的超大型人工水景园林，使景观产生近大远小的透视效果，更加贴近人的视觉尺度，令人赏心悦目，大释情怀。居住区界址内外环境资源的最大限度利用和因地制宜，巧于因借所塑造的"第二自然"——"天湖"景观与其所产生的"情理之中，意料之外"的园林艺术效果，正是本项目对于园林设计"因借"艺术手法的有效探索与创新。

（二）景观轴线之布局

孔子曰："知者乐水，仁者乐山；知者动，仁者静；知者乐，仁者寿。"常言"山水有清音"，园林文化常以君子比德于山，比德于水。为寓教于景、陶冶情操，"天骄峰景"居住区环境与园林景观设计以山水意象营构轴线。

1. 东西景观轴线

东西向的景观轴线是一条具有灵性的水轴线，由东、西两侧狭长及中心大湖的水系构成。超大型的人工湖景观气势宏大，成为整个居住区的视线焦点。"天湖"水景园区东西约长 3km，南北最大宽度约为 70m，平均宽度超过 30m。清澄湖水、岸边植物及其周围坡度起伏的绿地营构了清纯朴质的水景园，湖岸线简洁流畅，勾勒出湖面的自然曲线；水体收放有致且有来源与去处，"湖中之水天上来"的意境别致奇特，跌水景观优美，致使超大型人工湖成为水景园区的平面构图中心。湖边设置了临水广场、亲水平台、木栈道、景亭、艺术铜雕、溪涧、喷泉、涌泉等设施和小品，营构观水、听水、戏水的观赏与休闲场所。其中，位于园之西南部的揽月塔，高度超过 10m，设计风格传承之中有创新，造型独特，成为水景园区的立面构图中心。沿着具有灵性的水轴线布局各种亲水空间，给人们提供了放松的机会。

2. 南北景观轴线

南北向景观轴线是一条由山、水、树、石营构的自然式园林艺术轴线，以南部主入口山水广场为起景，跨越凌驾于"天湖"上空的景观桥，通至北部山林园区。南北轴线的序列景观结合了主入口、山水广场与"天湖"所形成的 6m 高差，依次有入口、山径、静湖景、跌水景、叠石景和山林景。进入社区后，一路目不暇接，渐入胜景。宽幅跌水川流于层次交叠的天然山石间，数株拥有百年树龄的极品罗汉松、皇室御用黑松形如游龙护珠，令人叹赏不绝。主入口的景观风格精致细腻，既具文人园林的俊逸秀雅，又不失王者园林的尊贵大气。地下车库建造和人工湖开挖产生的土方，均在山水园区内被合理利用，实现了场地内土方平衡。例如因地制宜堆叠绵延起伏的微地形，用作园林障景或分隔空间；或作为植物种植的基质材料和山林园区完善 18m 高之山体山形的填方等。南北景观轴线的终点是山林园区，设计以保护原生景观为主，强化质朴、自然的园林风格，布局休息亭和散步道，以绝少的人工痕迹为居者创造一处具有山林野趣的休闲空间。

（三）园林文化"意"与"象"之创作

园林景观的"意"与"象"的设计[1]，旨在体现历史文化、寓教于景。"意"与"象"两者相辅相成且可相互转化。古树名木为有生命的文物，是历史文化发展的见证人。基址北部原有两棵古榕树，躯干粗壮，枝叶稠密，浓荫覆地，气根飘曳。据当地一位年过百岁的老人介绍，这两棵古榕屹立于山坡足有 200 余年，世代庇佑石井村民，目睹当地的变迁及数代村民的成长。虽然岁月沧桑、人异境迁，但如今这两棵古榕树依然屹立不倒。设计中严格保留了古老的景象（古榕），并以其为主题，将种种承载着古榕记忆的元素植入山林园区休闲设施的设计，在提供设施使用功能的同时，赋予景象特定的景意，以创造人文意境。

民间有"榕荫遮半天"之谚，古榕的保留，意喻榕树"阴庇百夫"，将为"天骄峰景"居住区的入住者带来福荫。为达到寓教于景、陶冶情操的目的，将水景园区和山林园区的地形地貌、植物、园林建筑与小品，乃至园路场地等多种景观元素作为文化的载体，在满足功能设计的同时，依据园林立意，利用材料、形式和"问名"、题刻等设计手法，再将景意化为景象，既方便使用，又赏心悦目，更利于陶冶性情。"天骄峰景"居住区园林与景观的意象设计融生态、景观、休闲游览与文化内涵于一体，最大程度地发挥了居住区园林的环境、社会及经济的综合效益。

（四）种植设计保留原生景观，体现质朴之美；突出地域性植物风貌，力求生态效益的最大化

严格保留北部山体上原有的大榕树和其他生长良好的植被，最大程度地保护原生景观。乡土树种成活率高、抗性强、易管理、投资低。依据营建节

约型园林和植物多样性的原则，种植设计大量运用秋枫、鸡蛋花、盆架子和洋紫荆等当地乡土植物。以乡土树种为基调，突出地域性植物风貌。运用乡土植物与外来植物相结合、常绿植物和落叶植物相结合、速生植物和慢生植物相结合等配植原则，构建乔、灌、藤、草相结合的多层结构，以高低错落、层次丰富的植物群落形成疏密相间的活动空间；以丰富多样、冠形各异的基调树种作为群落上层结构的乔木，形成高低起伏的天际线；中层植物以密植为主，局部地方适当通透；地被呈波浪式蜿蜒曲线，与乔木和灌木配植位置相呼应。因地制宜、适地适树，力求科学性与艺术性相统一。

种植设计力求在节约投资的前提下，达到居住区园林生态效益的最大化。水景园区植物配置借鉴茶道"和敬清寂"的精神内涵，创造意境。与碧澄湖水相接的大片疏林草坪为人们提供了活动与交流的空间，大乔木以丛植、群植方式分隔草坪，构成具有"领域"性、多样性的小空间，给予游人安全合理的距离，既可互相交流，亦可一个人悠闲地静坐。湖岸线弯曲流畅，岸边以垂柳为主调树，植物配置力求生态自然。湖岸与水的接壤以水生植物过渡，形成以花叶芦竹、风车草等植物为主的湿地景观区，恣意随性又不失自然野趣。

"天骄峰景"居住区植物多达百余种，主要树种如下。

常绿乔木：盆架子、秋枫、香樟、罗汉松、黑松、洋蒲桃、蒲桃、海南蒲桃、水石榕、尖叶杜英、槿、桂、槐、兰、山杜、铁冬青、人面子、幌伞枫。

落叶乔木：垂柳、凤凰木、朴树、大叶榕、小叶榄仁、蓝花楹、宫粉紫荆、大花紫薇、木棉、美丽异木棉、刺桐、鸡冠刺桐、蓝花楹、宫粉紫荆、大花紫薇、木棉、美丽异木棉、刺桐、鸡冠刺桐。

灌木：四季桂、澳洲鸭脚木、欧洲夹竹桃、红绒球、金叶假连翘、杜鹃、映山红、红木、细棕竹、双荚槐、灰莉。

地被植物：春羽、蜘蛛兰、红铁、花叶艳山姜、肾蕨、银边草、蚌兰、银边山菅兰、海芋。

水生植物：花叶芦竹、旱伞草、梭鱼草。

（五）硬质景观之设计与细部景观亮点

在硬质景观材料设计中，更多地选用了当地加工成熟、低价的石材，在铺地、小品及景观构筑中灵活运用，通过设计其材质、形式和命名，既发挥了使用功能，又表达了园林文化意境。细部景观（图 2-1-3）亮点如下。

（1）社区围墙：长 800m，高 4.5m 的嵌铜浮雕围墙由精致手绘而成，已申请国家专利。

（2）揽月塔：塔高超过 10m，位于园之西南部，设计风格融现代简约和古朴厚实为一体，仰观天机瞬变，俯察万象生变，乃风水之蕴承。

（3）艺术铜雕：就不同的景意，设计体量、造形、风格各异的雕塑约 30 座。它是创新花岗岩与铜雕本体的镶嵌技术。仙鹤雕塑为山水园林入口平添了灵气，动物雕塑充满野趣；喷水雕塑形态多样，生动活泼；音乐人像雕塑栩栩如生，意象深刻。

（4）"天湖"湖底：全部铺设切割成片的火山岩，既美观又利于调节水质，并且保持了湖面清澈见底的艺术效果。

（5）人工湖：水源来自市政设施一次性给水结合雨水收集，采用生化

图 2-1-3 细节展示图

池生态水处理系统，湖水循环使用，且可用于绿地浇灌，以低成本达到多种使用功能和高质量的景观效果。它创新了半地下车库顶板伸缩缝在湖中的无缝对接技术。

（六）景观色谱的设计

为控制整体景观效果，设计构思中确定了景观色谱。通过色彩语言传达环境和园林景观的特有气质。"天骄峰景"居住区环境与园林景观以淡彩为主调，体现清幽之趣；局部点缀浓丽重彩，活跃气氛。在大尺度环境空间中选择淡彩，以大面积的绿色植物和灰色道路铺地来总体提炼；而在小尺度空间中，则运用重彩（部分开花或色叶植物、褐红色的单体建筑、铜制雕塑、黄色平台铺地）来重点夸大突出景观主体。景观色谱的主调朴素自然，为居住区创造出"宁静致远"的意象空间；配调突出，为整体清幽沉静的居住环境注入鲜活的力量。

三、结束语

探索适宜人居环境的建设应着眼于大自然环境的利用与"第二自然"的重塑。20世纪末，国际建筑师协会在《北京宣言》中指出，新世纪"要把城市和建筑建设在绿色中"，可见园林在宜居环境中有着不可替代的地位。我国居住区环境与园林设计应该遵循中华民族"天人合一"的文化总纲和中国园林造园的艺术手法，依托当代科技的发展，在继承传统的基础上着眼于创新，最大程度地发挥生态、社会和经济的综合效益。

参考文献：

[1] 孟兆祯.孟兆祯论文集——风景园林理论与实践 [M].天津：天津大学出版社，2011.
[2] 计成.园冶注释 [M].陈植注释.2版.北京：中国建筑工业出版社，1988.

「原居安老」模式下支持性适老环境设计策略

——以广州琶洲保利天悦和熹会为例

图 2-2-1 庭院景观

2022 年 2 月 21 日，国务院印发《"十四五"国家老龄事业发展和养老服务体系规划》，规划指出要推动全社会积极应对人口老龄化国家战略，推动老龄事业和产业协同发展，推动养老服务体系高质量发展[1]。同年 6 月 1 日，为全面推进健康中国战略的实施，国家发展改革委根据《中华人民共和国国民经济和社会发展第十四个五年规划和 2035 年远景目标纲要》和《"健康中国 2030"规划纲要》，编制了《"十四五"国民健康规划》，强调提升老年人健康养老服务供给水平，完善老年照护、安宁疗护等老年健康服务标准，健全老年社会支持标准和医养结合标准，实现医养资源共享[2]。针对老年人容易产生孤独感、情绪低落，以及满足其对地缘的需求，原居安老的模式逐渐得到了社会的认可和应用。实现原居安老就要为老年人创造满足其多样化个体需求和高质量空间需求的居住环境，健康积极的支持性环境对原居安老模式的发展及养老社区的建设具有现实的参考价值和指导意义。

一、支持性环境构建和原居安老理论研究

支持性环境构建是指根据不同行为人的身体和心理特征，通过不同的设计手法充分发挥环境中的有益因素，以积极干预为目标协助使用者减轻心理压力和不良情绪，激发和巩固其获取与保持健康的能力，强调人对环境的积极体验及环境对人的有益影响[3]。原居安老作为老年群体抗衰老的重要理论，对积极应对老龄化有着重要的意义。

原居安老理念来源于美国，是指老年人可以独立地居住在熟悉的环境中以安度晚年，这有助于延缓其身心机能的衰退和社会关系的萎缩，是实现健康老龄化的重要途经[4]。其后众多学者针对老年群体老龄化过程的定性研究也提出了多种理论，如场所依恋理论、连续性理论、个人控制理论、角色理论、活跃理论和继往理论等，多理论研究内核的重叠，使得"原居"的概念超出了原本单一居住地点的物理意义，扩展到社区环境（图 2-2-1）"居所化"。广义的"原居"指老年人能在家中享受社区提供的养老服务或入住社区的养老服务机构，可提升其对居住环境的熟悉度和归属感，便于获取和使用满足其需求的各种资源和服务，维持其原有的社会关系，保障生活品质并缓解社会养老的压力[5-6]。

二、"原居安老"支持性适老环境构建路径

随着年龄的增长、身心机能的退化及社会关系的萎缩，老年人在生理、心理、行为和社会角色等方面发生了变化。户外空间适老化环境支持、养老照护与老年活动支持、社会关系与心理情感支持，对老年人尽可能维持身心机能和健康的社会关系，实现原居安老具有重要作用。

由此，本文将基于以上3个层面，对原居安老支持性适老环境构建路径（图2-2-2）展开论述。

（一）户外空间适老化环境支持

社区户外空间的可达性和安全性是老年人走出户外，参加社区活动的重要条件。由于身体机能的衰退导致老年人对环境的感知能力与适应能力逐渐减弱，因此新建或改造的公共空间环境都须考虑老年人对空间环境的适老化需求，以及其对配套设施使用的能力。

此外，强调不同户外空间之间的便利性有助于激活空间活力，因老年人的精力和体力有限，空间与功能的复合有利于不同年龄段和不同生理特征的老年人到达场地，并缩减相关照护人员到达场地的时间。由此，通过关键区域及设施构件的适老化设计，创造老年友好型户外环境，可提升老年群体独立生活的能力及幸福感，更好地实现原居安老。

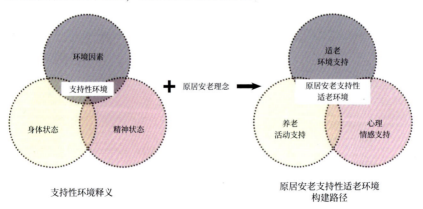

图 2-2-2 支持性环境释义与支持性适老环境构建路径

（二）养老照护与老年活动支持

老年人的日常活动对环境空间有着特殊的要求，活动类型按个人需求和公共需求的不同可分为个体活动、小群体活动和集体活动，因此相对应的活动空间需划分出不同的空间等级，如私密空间、半私密空间、公共空间和半公共空间，以满足各种不同类型的交往需求[7]。此外，应注重空间环境的弹性规划和协同运营，提高空间规划建设的灵活性和预判性，保障现阶段基本养老服务的同时，考虑老龄化过程中个体与环境的动态关系，以及不同社会发展阶段的潜在需求，预留足够的空间供后期的发展调整，实现空间环境运营和活动设施使用的可持续性。我国《老年人能力评估规划》（GB/T42195—2022）中，根据老年人的自理能力、基础运动能力、精神状态、感知觉与社会参与4个方面，将老年人划分为能力完好、能力轻度受损（轻度失能）、能力中度受损（中度失能）、能力重度受损（重度失能）和能力完全丧失（完全失能）5个等级（表2-2-1），这种划分方式科学地划分了老年人能力等级，动态地反映了老年人的体能变化及行为障碍状态。

身心机能与社会活动是老年群体晚年生活质量的重要保障，其状态健康与否是老年人参加社会活动的首要因素[8]。我们在空间内容的设置中应考虑不同等级的老年人的需求及其持续老化的过程，注重老龄化的发展过程和生命周期，针对不同阶段的老年人提供相应的养老设施及优化养老服务供给，给予他们克服生理障碍、提升社会地位和实现自我价值的活动支持，从而提高老年人的生活质量。

老年人能力等级	身体状况	服务需求
能力完好	身体健康，生活能完全自理，能进行正常的社会活动与交流	医疗服务、家政服务等
能力轻度受损（轻度失能）	在他人指导下进行日常生活和社交活动，步行需他人监护或使用辅助工具；可自行完成大小便，或需借助辅助工具（如扶手、助行器）；理解表达能力有所下降，反应迟缓	医疗服务、家政服务、生活照料服务及无障碍设施辅助
能力中度受损（中度失能）	需要他人协助进行日常生活和社交活动，步行需要他人少量扶持协助；可自行控制大小便偶出现失禁；理解表达能力较差，意识紊乱	医疗服务、家政服务及无障碍设施辅助
能力重度受损（重度失能）	主要依靠他人协助进行日常生活和社交活动，步行和排便需要他人协助；需大量使用辅助用物；理解表达能力很差，意识模糊	医疗服务、家政服务、生活照料服务及无障碍设施辅助
能力完全丧失（完全失能）	完全依赖他人协助日常生活，不能进行社交活动，完全不能步行；大小便完全失禁；完全无法沟通和表达，意识丧失	医疗服务、家政服务、生活照料服务

表 2-2-1 依照相关能力划分的老人等级

（三）社会关系与心理情感支持

老年人由社会工作转向退休养老，社会角色的转变、社会关系的弱化容易使其产生孤独感和焦虑感。很多老年人仍希望通过不同的社交活动获得新的认可，实现个人价值。社区的社会环境是老年人社会关系、社会文化和个人价值的体现，是社区物理环境的外在补充和老人心理情感的内在支持[9]。老年人通过参加多样的社会活动及进行充足的沟通交流可获得大量的社会信息，有利于培养集体适应能力和增进社会关系，既可以丰富精神生活，又可以增强自我满足感和社会认同感, 满足社会性需求, 获得积极情绪和情感支持。

此外，代际间的互助交流也是老年群体获得心理情感支持的重要途经。为增进不同世代间的社交，养老服务与社区活动等功能复合配置具有突出的效果[10]。在空间环境设计之初应考虑不同代际间的需求差异，设置复合功能的代际共享配套设施，通过设计促进社区组织的多世代活动，融合代际间多层社会关系，对老年群体维持健康活力、心理情感支持及社区的和谐发展具有重要的促进作用。

三、支持性适老环境改造设计实践

广州琶洲保利天悦和熹会是保利健康产业投资有限公司旗下首个落地的城市级医养结合旗舰综合体。以"机构为服务依托、社区为服务场景、居家为服务终端"的"三位一体"健康养老模式，携"医养结合、健康安全、乐享生活、三维智能"四大尖端服务落子广州。琶洲位于广州高密度城区之一的海珠区，该片区与繁华的市中心相融并设有丰富的配套设施，在此结合保利天悦居住系统落位和熹会养老服务体系，正是实现当地老年人原居安老的重要实践。

保利天悦和熹会所在地原本定位为商务公寓，后为满足周边社区的老人养老需求改为医养结合的养老综合体，建筑主体由自理型老年人公寓和护理型养老服务机构组成，高层区主要服务于自理能力较强的老年人，低层区主要服务于身体不便需要介护的老年人。本次改造场地包含公寓入口、东侧配套用地、二层及三层屋顶花园，整体景观以新中式风格为基调，基于老年人生理及心理特点，以适老化和健康支持性为原则，致力打造满足老年群体多样性需求的新中式生活场景。

（一）改造前环境适宜性分析

鉴于定位养老客群的特征，目标场地应根据老年人不同自理能力等级制定不同的照护需求，设置多类型的活动空间，注重空间的安全性、便利性及舒适性。同时，通过不同等级的公共开放空间及活动设施的设置，促进老年群体间及代际间有目的性或自发性的互助交流，从而满足其社交需求及实现代际融合。

但因原定位的缘故，目标场地（图 2-2-3）并未就老年群体的需求作充分考量。例如公寓入口缺乏明显的入口标识，场地标识性弱，车行动线距离入口较远缺乏便利性；未考虑无障碍需求，户外平台与建筑室内、户外平台与平台的交界处均设置了台阶，未设置无障碍坡道及扶手，不利于老年人的安全出行；屋顶花园仅设置了休息座凳，未设置任何活动及遮阳避雨的设施；部分区域的种植密度过大，场地较强的围合性反而影响了视线的穿透及照护人员的快速到达。基于目标场地重新定位为医养结合的养老综合体，本次主要针对老年群体身心和行为的需求对整体户外环境作改造提升，以满足各类老年人的使用需求。

图 2-2-3 现状及分析

（二）支持性适老环境优化策略

1. 适老系统的梳理改善

无障碍是营造老年友好支持性环境的关键基础。在改造之初对目标场地环境进行适老化系统梳理，综合考虑场地现状及老年人所需的空间特征，分别对公寓入口、东侧配套用地及2~3层屋顶花园的部分设施进行适老化支持性环境改造设计（图2-2-4）。原公寓入口紧贴商业广场，因受消防登高场地的限制，设计时使用了大面积铺装，缺乏入口标识，且距离车行动线较远，不利于老年人从机动车下车后快速到达公寓。基于老年人出行的安全性和便捷性、公寓入口的交通组织以及入口的昭示性和场域感的考虑，设计者以环岛式落客空间的形式对入口前广场进行了重新梳理和划分，打造了人车分流、安全便捷的内聚性入口空间（图2-2-5）。同时以"诗意雅致，意境东方"为主题，在消防登高场地区域外运用禅意枯山水的设计手法进行在地文化的主题演绎，大大提升了入口场域的文化性、昭示性和可识别性，见图2-2-6。

东侧配套用地及2~3层的屋顶花园（图2-2-7）在规划功能和设置设施前，均以无障碍通行的底层逻辑设计，确保各类老年人能安全便捷地到达目标场地。考虑到不同年龄段、不同等级老年人的活动需求，在场地中设置了丰富的健身设施、安全扶手等，各项设施的尺寸设计均满足老年人的人体工程学。随着年龄的增长，老年人瞳孔的光通量能力不断下降，因此场地的灯光设计提高了环境光的照度水平，采用色温平稳的光源，便于老年人在夜间环境下进行户外活动。

2. 功能空间的置入整合

创建支持性、强调积极体验的养老活动空间，可促进老年群体从生理健康到心理健康的转变。复合多样的功能空间是维持心理健康的必要条件，不同类型的环境能让人产生参与的兴趣，提升积极的情绪，保持正向的情绪波动。基于空间多样性原则及不同类型老年人的活动需求，其分别设置了5大功能模块——活动广场、老幼共享空间、园艺疗养空间、文化活动空间及休憩交流空间。

　　1层户外空间为中庭围合空间及东侧配套用地。中庭庭院由不同业态的室内空间围合而成，西侧为餐厅，东侧为中医馆，空间的布局和属性决定了中庭以观赏性景观为主。中庭延续在地文化"东方意境"的设计理念，通过孤置山石、层级水景和蛇蜓绿岛结合枯山水的设计手法，营造了庭院深深的禅意山水景观（图2-2-8）。

图 2-2-4　场地平面及分区

图 2-2-5　公寓入口设计分析及现场实景

图 2-2-6　公寓入口现场实景及水景细节

图 2-2-7　屋顶花园适老化改造及东侧配套用地夜间照明实景

　　研究表明，身体锻炼结合自然环境会对身心健康产生协同促进作用，有利于激发锻炼的兴趣、动机和坚持性，为身心健康带来积极的影响[3]。东侧配套用地面积较大，结合不同主题的绿化空间及活动需求设置了活动广场、文化空间及老幼共享空间（图2-2-9）。各类活动场地都能满足老年人运动锻炼、文化交流和代际交流的不同需求，老年人走向室外，在保证安全性的同时尽可能增加老人活动的互动性和动态性，营造健康积极、代际和谐的社区活动环境。

图2-2-8 中庭花园设计平面　　　　　　　　　图2-2-9 中庭花园及活动广场空间实景

　　2层屋顶花园为园艺疗养功能空间（图2-2-10），通过设置遮荫廊架、园艺操作种植池、储物柜、洗手台及木坐凳，引导老人走向自然、亲近自然。园艺疗养花园通过栽培特色绿植及可食植物，为老年人提供丰富的感官体验和近距离的接触机会，使其真切地感受植物的质感和顽强的生命力，体会劳动创造的乐趣和收获的喜悦，满足老年人好奇、探究等的心理需求。

　　3层屋顶花园为综合性活动空间（图2-2-11），包含了休闲交流、器械活动、景观观赏和集体活动4种不同的功能模块。这些个功能模块分别涉及开放、半开放和私密3个空间等级，基本满足了非介护老年人的各类活动需求。休闲空间鼓励老年人自发性地使用场地和组织社交活动，共同创造空间场景并发展空间的标识与文化，同时人际间的"软"链接促使空间环境更加人性化。

3. 情感支持与文化融合

邻里关系是支撑社区参与和集体意识形成的基础，亦是原居安老养老社区的情感支持。保利天悦和熹会的功能空间布置形式呈垂直方向，此形式虽局限于高密度城区的土地稀缺，但由于建筑室内空间与户外活动空间的紧密联系，不仅增强了建筑空间的多样性，也从心理上为老年群体创造了邻里相连的情感支持，户外空间环境的提升使老年人获得了更多的交流机会，促进了老年人生活的便利性、空间的通达性和社交的多样性，促进了不同群体间的社会融合。

保利天悦和熹会所在的琶洲片区是当地老年人赖以生存的居住环境，大部分老年人都亲历了片区的变迁发展，对被在地文化浸染的社区环境有亲切感和依赖感。不同年龄段、文化背景、生活背景和职业的老年人，在文化修养、生活习惯、饮食文化、节日传统等方面有所不同。保利天悦和熹会复合多样的功能空间促进老年群体的互助交流，将各种地域文化和文化元素渗透到社区的养老文化中，让老年人能在养老文化中寻求文化根源，促进该养老社区的文化融合及和谐发展。

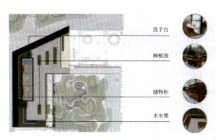

图 2-2-10 园艺疗养花园平面及效果

图 2-2-11 综合活动空间平面及效果

四、总结与展望

（一）设计策略总结

本文在支持性环境理论的基础上，以原居安老模式下支持性适老环境的构建路径，指导广州琶洲保利天悦和熹会适老环境的改造设计，以环境支持、活动支持与情感支持三大支点，提出了适老系统的梳理改善、功能空间的置入整合、情感支持与文化融合三大设计策略（图 2-2-12）。

保利天悦和熹会以健康、安全、复合为核心打造城市级医养结合综合体，多种社交空间和设施的改造落位，成功增加了老年人对空间的访问及使用频率，提升了广州琶洲片区老年群体原居安老实现的可能性，同时也推进了我国老年人支持性适老环境研究与建设的可持续发展，为相关理论体系的构建提供较为完善的视角与思路。

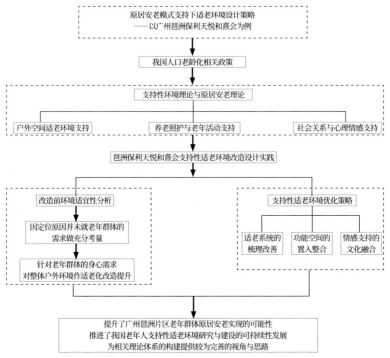

图 2-2-12 设计策略路线图

（二）展望

随着我国人口老龄化进程的发展，支持性适老环境的研究与建设已迎来了新的诉求，原居安老的模式已不再局限于传统的居住空间，而是社区环境的居所化，需要满足老年群体生活所需的各种服务和资源，维持原有社会关系并保障生活品质。针对不同老年群体间的多样性需求正逐渐成为当下众多学者重点关注的内容，但目前基于原居安老模式的老年人多样需求的理论体系与实践案例尚处于起步阶段，理论研究与实践意义还须进一步探索。此外，在高密度城市环境中，养老服务结合社会支持而形成的支持性养老环境，能更好地满足当地的老年人对在地环境的依赖感和归属感，代际间的互助融洽也是未来重点研究的方向之一。因此，后续研究还须挖掘高密度城市环境与支持性适老环境之间的关系与构建策略，以期更好地应对人口老龄化国家战略，真正满足未来支持性适老环境的建设需求，并为相关理论体系的构建提供研究支持。

参考文献：

[1] 中华人民共和国中央人民政府."十四五"国家老龄事业发展和养老服务体系规划[EB/OL].(2022-02-21)[2023-07-20]https://wwW.gov.cn/zhengce/content/2022-02/21/content_5674844.htm.

[2] 中华人民共和国国家发展和改革委员会."十四五"国民健康规划[EB/OL].(2022-06-01)[2023-07-20]https://www.ndrc.goV.cn/fggz/fzzlgh/gizxgh/202206/t20220601_1326725.html.

[3] 冯晨,严永红,徐华伟."休闲涉入"与"社会支持"：基于积极心理干预的大学校园健康支持性环境实现途径研究[J].中国园林,2018,34(9):33-38.

[4] 陈云凤,李玲玲,王才强.新加坡社区"原居安老"支持性环境的构建、分析及启示[J].上海城市规划,2022(2):141-147.

[5] 姚栋.当代国际城市老人居住问题研究[M].南京：东南大学出版社,2007.

[6] 李小云.面向原居安老的城市老年友好社区规划策略研究[D].广州：华南理工大学,2012.

[7] 曹艺超.城市老年社区设计策略研究[D].南京：南京工业大学,2016.

[8] 赖文波,陈畅,陈敏琪,等.基于失能老人需求的适老环境设计策略研究[J].南方建筑,2018(3):24-29.

[9] 覃国洪.基于"老年友好"理念的社区室外环境设计研究[D].广州：华南理工大学,2016.

[10] 姚栋.社区复合养老设施：大城市"原居安老"的创新模式[J].新建筑,2016(6):68-72.

偏远地区低影响开发设施（LID）在地性演绎与研究

——以英德市璞驿酒店花园为例

图 2-3-1 璞驿酒店外部展示图

随着城市化进程的加速，低影响开发 (LID) 技术作为控制雨水径流的生态策略被广泛应用于城市建设。但在中国本土实践中出现明显的适应性不足：技术图纸生搬硬套、缺乏系统性思考和忽视地方文化特征，导致设施与环境难以融合。本文提出将"在地性设计"理念融入低影响开发实践，通过对自然因素、目标人群和当地材料的整合考量，实现技术与艺术、功能与文化的有机统一。下文以英德璞驿酒店花园（图 2-3-1~ 图 2-3-2）为例，展示了如何基于喀斯特地貌特征构建雨水系统，通过 L 型雨水台地满足使用者需求，既实现了雨水全收集利用，又创造了具地方特色的生态环境。这种融合工程技术与景观艺术的在地性实践，为低影响开发的本土化发展提供了新思路，也为城市雨水管理与文化认同的协调共生指明了方向。

一、低影响开发的起源

低影响开发（LID）是通过分散的、小规模的源头控制机制和设计技术达到对暴雨所产生的径流和污染的控制目的，减少开发行为活动对场地水文状况的冲击，是一种以生态系统为基础的、从径流源头开始的暴雨管理方法[1]。

低影响开发技术最早出现于 20 世纪 70 年代美国佛蒙特州的一次土地规划文件中，后在 20 世纪 90 年代初的马里兰州乔治王子郡进行的低影响开发设施示范工程中取得了良好的效果。经过 40 多年的实践和优化，美国的低影响开发相关技术和法规已日趋成熟，并为我国在 2013 年开展海绵城市建设及构建海绵城市理论体系提供了重要的参考。与海绵城市不同，低影响开发技术强调利用小型、分散化的绿色设施，突出对雨水径流的源头控制，从源头减少城市开发建设对自然水文过程的不利影响[2]，适合应用在尺度相对较小的开发项目中。

二、实践的局限性和思考

当前低影响开发技术在理论方法、性能实验研究和工程技术 3 个方面已有较多成熟的研究成果。如 2012 年王红武等[3] 总结了路桥、高架立交和园林绿地的低影响开发工程措施；2014 年王文亮等[4] 提出了低影响开发设计原则、设计目标、工程措施和具体的设计流程。2021 年汪星等[5] 则通过应用 4 种低影响开发方案构建了雨洪管理模型（SWMM），模拟不同雨水重现期下各种 LID 方案的水文和水质性能，并评价了经济效益。2014—2018 年住房和城乡建设部及深圳、广州、西安等多个城市相继出台了海绵城市建设技术指南，其中涵盖了较为全面的低影响开发技术要点。

然而低影响开发技术在实际地域实践中所表现的偏差和局限性也很明显，主要体现在两个方面：一是技术图纸的生搬硬套，缺少城市规划师和景观设计师的介入，导致施工质量粗糙且不具有系统性；二是本土化适应性不良，虽然全国各地对年径流总量控制率等雨水管控指标要求是根据本地的水文状况和降雨量制定的，但所采取的技术措施仍然是普遍化的，并没有提出本土化设计策略，千篇一律的低影响开发设施与本地环境无法融合。

图 2-3-2 入口景观设计

　　在地性的"在"体现了对地方文化的认同，在地性则指代地方文化、地方知识的协商交流，同时强调作品与其所处文化脉络之间的紧密联系和其不可替代的文化属性[6]。虽然"在地性"一词经常出现在大地艺术、建筑艺术、公共艺术、装置艺术和行为艺术等创作领域，但是低影响开发的在地艺术表达值得深入研究和探讨，并且在我国各地区的低影响开发实践中缺乏这样的思考。

首先，低影响开发设计需要广博的知识和多专业的融合，在这之中，景观设计师扮演了重要的角色，比起水利学和水环境等专业的工程师，景观设计师更加擅长凭借自身的专业能力，深入挖掘本地历史文化，提取本地文化符号，分析项目使用者的行为需求和心理需求，因地制宜地制定最佳的解决方案，建设具有地方特色的低影响开发景观。其次，尽管所有低影响开发技术在 20 世纪 80 年代就已存在，并不断在许多研究著作和指导手册中得以发展，但仍旧不存在什么普适性的原则来指导怎么做[7]，以每个项目为单位，地理位置、土壤条件、地形地貌、建筑条件、地下水位等因素都影响着雨水管理系统的构建、低影响开发设施的选择和形式的演绎，即雨水管理系统的构建也存在差异性和本土适应性。

三、在地性演绎的方法

低影响开发在地艺术表达应该从自然因素、目标人群和材料筛选 3 个方面进行思考和设计。

（1）自然是低影响开发设施和雨水管理系统的载体，包括气候条件、水文条件、地形地貌等。不同地域的自然因素呈现不同的状态，对自然的应答设计是对在地性设计的基本原则和态度。

在实际的项目实践中，不仅应根据地方相关指引进行计算，满足基本的雨水径流控制率和污染物控制率，还应根据项目所在区域实际情况进行因地制宜的规划和设计，例如雨多、高程低、内涝频发的区域，应优先以"排"为主，以"滞蓄""净化"为辅，对于缺水区域，则应该尽可能的在雨水系统中设计地下蓄水箱和雨水循环系统，将雨水收集并利用起来。

（2）人是场所的使用主体，低影响开发所构建环境亦是为人服务，人的情感认知、人文关怀、行为活动、互动体验、科普教育都决定了在地设计的复杂性和以人为本的设计特征。低影响开发技术的实践应遵循以人为本的设计原则。

在实际的地域实践中，还应考虑不同项目的目标使用人群不同、运营功能需求不同、策划定位不同，皆应发挥设计师的专业性，提出不同的设计策略。例如儿童场所的低影响开发设计应避免有毒植物的使用和儿童易捡拾、误吞的砾石的使用；经营性场所的低影响开发设计则应考虑是否符合业主的运营成本预算以及客人的喜好等。

（3）材料筛选包括石材、植被、土壤和基质等。除了考虑所选材料满足低影响开发技术的要求之外，还应遵循就近选材的原则，尽量从本地材料中进行筛选，并且所选材料应从遵循本地风俗习惯、喜好和信仰、项目建造成本、工人的工艺水平等方面综合考量。

四、实践：英德璞驿酒店花园建设

（一）缘起

英德璞驿酒店位于珠三角后花园清远英德市的黄花镇黄花溪畔，距离珠三角一二线城市仅百余公里，是一家特色民宿酒店。其建造过程历时 10 个月，原址是一栋尚未完工的三层民用建筑，与民房比邻而立，背面是高耸的峰林，正面是黄花镇的主干道，东南侧的黄花溪从山涧而来，淙淙流过。远远望去，建筑与连绵的群峰和苍翠的大地相伴相随。酒店建筑与道路之间一块面积约为 2000m² 的空地承担着隔绝噪音、休闲交流、雨水管理、科普教育、环境美化等多重功能诉求，区别于传统的酒店景观，本项目基于低影响开发的在地艺术表达原则，逐步将其打造为便于公众生态美育[8] 的雨水花园，成为当地一道独特的风景线。

（二）基于自然因素的雨水管理系统设计

黄花镇属于中亚热带季风性气候区，降水丰富，全市平均年降水量达 1852.7mm，丰水年最多达 26,572mm，年平均降水天数为 163.5 天，占全年天数的 44.8%，丰沛的地下水和地表水对可溶性岩石溶蚀与沉淀、侵蚀与沉积逐渐形成当地独特的喀斯特地貌。

镇上唯一的主干道蜿蜒于群峰之间，通往峰林最深处，主干道一侧的民居沿街而立，另一侧则是当地人的母亲河——黄花河。大量的雨水、部分生活污水及掺杂污染物都最终都以各种形式汇入黄花河，导致其面临水质污染和水土流失的问题。居民楼与河道距离不足 20m，水面高程与路面高程之差不足 3m，暴雨时期，河道的防洪能力不足，具有极大的内涝隐患。

另外黄花镇位于偏远山区，虽然雨量丰沛，但没有完善的基础设施对水资源进行处理和利用，缺乏可利用的淡水资源，雨水没有得到很好的收集与利用。

综上所述，项目场地面临内涝、雨水污染和水资源流失等问题，通过低影响开发设施组合设计从源头截流、净化和收集雨水，从而保证项目红线范围内的雨水就地管理。在确定场地所面临的雨水管理问题和需求之后，项目引入雨水台地、碎石渗池、地下蓄水箱、透水铺装等低影响开发设施，并设计了以屋顶雨水收集、雨棚雨水收集、地面雨水收集 3 个雨水收集路径共同构建的完整雨水管理系统 (图 2-3-3~ 图 2-3-6)。

图 2-3-3 雨水路径系统图　　　　图 2-3-4 低影响开发设施布局图

图 2-3-5 雨水花园结构

图 2-3-6 碎石渗池及地下蓄水箱结构

建筑屋顶被设计成倾斜 45°的屋面，避免了雨水滞留在屋面，使其以适宜流速通过建筑屋顶的错落和空隙，汇流到屋顶天台的统一汇水角。汇水角应选择天台楼梯的对角处，尽量减少屋顶雨水沿着室外楼梯倾泻而下。屋面雨水被收集后，通过在建筑棱边设置的导管和凹槽流入地面一层的雨水花园，最终进入地下蓄水箱。建筑一层出入口则向外延伸设计了风雨廊，用于观景遮阳避雨，为了在不影响外观效果的情况下收集雨棚的雨水，通过 2% 的角度倾斜设计，并在雨棚边缘的下部，选择和雨棚收边材料相同的不锈钢板做一条隐藏的凹槽。这条凹槽一直延伸至雨水花园，隐秘在疏密有致的植物群落中，若隐若现，形成曲水流觞之感。水槽连通地下蓄水箱，雨水直接流入被收集起来。

地面雨水收集作为终端雨水处理设施，结合碎石渗池、雨水台地、透水铺装等设施将地面径流、屋顶雨水、草地径流等收集起来，经过净化后进入地下蓄水箱。庭院是整个项目的低影响开发技术的核心内容。通过层层种植池滞留、净化和下渗，当雨水量超过设计容量时，过多的雨水通过溢流装置进入地下蓄水箱，雨后泵送回第二层台地循环净化，或用于植物浇灌和石钵水景等，场地内部雨水自行消纳，地下蓄水箱的容量可以满足场地一个星期的景观用水。

（三）基于以人为本的应答式设计

距离项目不远处是黄花镇的风景区——英西峰林，其奇特的喀斯特地貌形成的自然景观吸引着外地攀岩爱好者前来游玩。项目的主要目标使用人群就是这些游客。为了更好地迎合和吸引游客们对自然的向往和探索之心，提升居住品质，项目策划以"雨水花园＋特色庭院"为亮点，向使用人群展示郊外的风土特色和雨水管理的魅力。

由于雨水庭院面积较小，宽度不足 10m。为了给客人提供更好的空间体验，项目以集约化的 L 型雨水台地设计形式取代了传统的占地面积较大的雨水花园形式。这样设计的优点是节省空间，同时延长了雨水流动和与基质反应的时间，给雨水带来了更多与氧气接触的机会，获得足够的溶解氧。有助于雨水中有机物的去除,同时延迟了雨水快速下渗的时间,起到了滞留的作用。

由于建筑紧邻道路,L 型台地设计还可以起到隔离空间的作用,在减少道路噪音的同时,也为客人提供了更为私密的空间。雨水台地(图 2-3-7)截取了一段用透明亚克力板做池壁,向游客清晰地展示了低影响开发设施的结构和雨水下渗的过程,达到生态美育的目的。更多的空间作为客人的活动区域被保留下来,并全部设计了可渗透的下垫面,当进入花园后,草地、砾石、植被、透水铺装(图 2-3-8)提供了路面的质感与肌理,这成为人们停留下来欣赏的原因,尤其是降雨时,雨水浸润着青黛色的地面,却没有积水,整个庭院营呈现烟雨朦胧之感。

(四) 本地材料的筛选与应用

材料是实现设计理念和雨水组织的关键一环。在选材过程中,选择一些低维护的生态环保材料更有利于营造出乡村野奢的美景,包括使用大量的竹子作为竖向空间的装饰元素,利用一些瓦片做碎石渗池的收边,利用耐候钢板做台地花坛的材料,质感粗犷又不失灵动,与地面的冷色调形成反差,在竖向视觉上塑造了感染力。基于运输和成本控制的考量,这些材料全部取自当地。

图 2-3-7 锈板和玻璃组合成的模块化的雨水花园

雨水庭院中还使用了代表当地文化韵味的材料——英石（产于英德）作为园内的水景材料（图 2-3-9），其中源源不断的景观水来自地下蓄水箱收集的雨水。雨水不断从地下泵送至水景中形成潺潺跌水，跌入地面后又下渗至雨水管理系统中，再经过净化重新进入地下蓄水箱，节省水资源的同时又与整个景观系统融为一体。

图 2-3-8 透水铺装、碎石渗池与绿地细节　　　图 2-3-9 利用当地的英石和收集的雨水打造的水景观

在植物的筛选方面，不仅要选择耐淹、耐旱且根系发达的植被，还应根据岭南民俗习惯和当地人的喜好对植被景观进行设计和考量（表 2-3-1）。由于面积狭小的关系，园内常以孤植为主、丛植为辅，植林较少。庭院种植方式体现了岭南园林的植物手法，正如陈从周先生所言："大园重在补白，小园重在点景、用树形秀美、姿态拢疏、开花或结果的树种作为主要观赏大树，布置的时候放置院的一角或边缘，而非居中，留给人们宽敞的休憩空间。用琴丝竹作衬托的材料。竹子与当地英石相配置于入口门前，形成生态自然而非人工化的障景。庭院内所有植物和材料均为当地取材，塑造具有当地特色的岭南景观，实现院内院外景色互融。

分类	植物名称
草本植物及花卉	狼尾草、麦冬、月季花、鸢尾、琴丝竹、肾蕨
灌木	鸡蛋花、鸳鸯茉莉、西洋杜鹃、大红花、米仔兰、琴叶珊瑚、南天竹、桂花
乔木	海桐、女贞、秋枫、南洋楹、石榴

表 2-3-1 筛选适宜的植物品种

五、结语

　　璞驿酒店雨水花园的项目实践及呈现效果说明，低影响开发技术通过在地性设计和景观化的处理手段，可以获得友好、舒适的环境体验，并打消许多社会投资机构在建设和推广低影响开发技术方面的疑虑。在这个项目中，雨水花园的建设可以使土壤保湿，创造多样的生物栖息地，减缓市政管网的排水压力。利用雨水台地、低维护植物、低碳材料连接地下雨水储存系统，将雨水收集净化并进行雨水回用，实现从建筑到景观的 100% 的雨水回收利用，并且在地化的设计方法说明低影响开发设计的外在形式需要灵活多变的巧思，不拘泥于标准图集，结合多专业的知识，方能建设符合地方文化、审美要求、美育教育等的生态环境，并更顺利地将其推广到城市建设之中。

参考文献：

[1] Dietz ME. Low impact development practices: A review of current research and recommendations for future directions[J]. Water, air and soil pollution, 2007, 186(1-4):351-363.

[2] 杨正，李俊奇，王文亮，等. 对低影响开发与海绵城市的再认识 [J]. 环境工程,2020,38(04):10-15,38.

[3] 王红武，毛云峰，高原，等. 低影响开发 (LID) 的工程措施及其效果 [J]. 环境科学与技术,2012,35(10):99-103.

[4] 王文亮，李俊奇，车伍，等. 城市低影响开发雨水控制利用系统设计方法研究 [J]. 中国给水排水,2014,30(24):12-17.

[5] 汪星，戎贵文，孙双科，等. 基于低影响开发的校园雨水控制及效益分析 [J]. 排灌机械工程学报,2021,39(12):1223-1229.

[6] 易雨潇. 重新思考空间——Site-Specific Art 与在地艺术 [J]. 上海艺术评论,2018(05):61-64.

[7] 沃夫冈 F. 海绵城市和低影响开发技术——愿景与传统 [J]. 景观设计学,2015,3(02):10-21.

[8] 蒙小英，刘砾莎，邹裕波. 基于生态认知的校园雨水花园设计 [J]. 风景园林,2018,25(07):95-100.

文化安全视域下当代岭南园林文化的传承与发展

——以余荫山房为原型的创新实践

图 2-4-1 建发央玺前庭实景图

　　随着全球化浪潮的到来，各国文化碰撞、经济利益冲突及多元化的发展趋势，容易使我国社会在不同程度上出现漠视、压制或破坏传统文化，尤其在是文化价值观和文化创造力上，对国家文化安全造成了威胁。习近平总书记强调"文化是一个国家的灵魂、一个民族的血脉，文化安全是国家安全不可或缺的重要方面，维护文化安全是民族精神、价值观念和信仰追求延续和

发展的保障，是建设社会主义文化强国的重要基础[1]。"文化安全是国家稳定、民族传承的重要保障，而传统文化是文化安全涵盖的重要内容。我们应当积极弘扬和传承传统文化，提升民族文化自信、国家文化软实力和文化底蕴，改善国家文化形象，维护国家文化安全。本文以广州建发央玺社区花园（图2-4-1）为例进行探讨。

一、文化安全、传统文化与岭南园林文化

国家文化安全是推动国家发展的重要动力和保障。文化安全是指在文化建设工作中，民族文化自身的健全、机制、防御和化解风险的能力[2]。在结构层面上，国家文化安全包含五大要素，即经济、意识形态、民族优秀传统文化、核心价值和人的自由全面发展[3]。

传统文化作为一个国家、一个民族的历史文化积淀和过往生活方式向现代的延伸，通常形成和延续于其独特的道德规范、思想理念、民风民俗和语言系统等，是一个国家和民族的文化基因、精神命脉、精神标识，以及多民族共融的基本价值共识，也是国家和民族最突出的文化优势和最深厚的文化软实力[4]。优秀的传统文化必定是经过长期发展孕育而成，并真实反映该国家和民族的文化结晶和思想沉淀。因此，继承发展和彰显弘扬中华民族自身优秀的、独有的传统文化和核心价值，是维护国家文化安全的核心要义。

城市文化安全是国家文化安全的重要支撑，对城市自身文化和其独特的历史人文风俗的传承与发展具有重大意义。城市文化安全的核心价值主要来源于自身的传统文化，岭南文化与岭南园林作为岭南地区优秀的地域文化，充分体现了该地区独特的文化个性和文化魅力。

岭南园林作为中国传统造园三大体系之一，是岭南人民对当地传统文化融会贯通后创作而成的园林景观，因而呈现出与岭南文化相同的本质，即兼容并蓄的文化习性、创新求变的文化信仰以及平民市井的价值取向[5]。岭南园林有着悠久的发展历史和独特的文化特色，其所蕴涵的自然美学、造园理念和创作技艺等是岭南地区重要的文化瑰宝。

本文研究的岭南园林文化正是岭南文化在园林景观中呈现出来的文化素养与价值取向。

二、文化安全视域下余荫山房岭南造园特色探析

岭南地区的地理环境、气候条件与人文风俗对岭南文化的形成及其独特性起着重要作用，岭南园林所体现的文化素养和价值取向与岭南文化密不可

分 [5]。余荫山房自清代建园就充分展现了岭南园林的独特风格和高超技艺，是当代岭南造园不可多得的范本，其对岭南优秀传统文化及独特历史人文风俗的传承和发展，很好地体现了对岭南区域文化安全的维护。

余荫山房是岭南园林四大名园之一，其空间布局、水石技艺、植物配植和楹联题额的创作均以岭南文化为依托，无处不呈现出浓郁的岭南风韵，是岭南地域文化、社会人文和精神审美的物质载体，对其文化特性和精神本源的研究有助于促进岭南传统园林文化的挖掘、传承与创新，古为今用，为当代岭南造园实践提供宝贵的经验借鉴，使岭南园林文化得以延续和发展。

（一）空间布局营造

余荫山房占地约 1590m²，面积虽小，但布局紧凑，小中见大，以"藏而不露，缩龙成寸"被后人誉为岭南园林的瑰宝。其精巧有致地把自然山水美景浓缩于园内，呈现出"咫尺之内，而瞻万里之遥；方寸之中，乃辨千寻之峻 [6]"的园林景观，颇见匠心。

岭南园林受岭南地区炎热多雨、台风肆虐等气候条件的影响，多采用庭院式布局以减弱强风暴及热辐射的影响 [7]。余荫山房建筑布局前低后高，前疏后密，错落有致。东西轴线"两池一桥一榭"布局明显，以"浣红跨绿"廊桥将园区分为以"玲珑水榭"为主的东庭和以"深柳堂"为主的西庭，东池八方，西池四方，池水通过桥洞相连。"浣红跨绿"廊桥是廊、亭、桥（三合一）独特构思和精湛技艺的代表作，也是余荫山房的标志性建筑，其四角为飞檐，廊檐下和廊柱以镂空的木雕挂落装饰，廊道两侧设有栏杆靠背，既可休憩又可观景，透过廊桥可隐约看到东庭的玲珑水榭与树木叠石，别有一番曲折幽邃之感 [8]。

（二）文化技艺运用

岭南园林的建筑装饰在色彩格调上呈现出精美华丽，五彩缤纷的特点，内容以历史典故和吉祥图案为主，体现了岭南人民追求艺术化园居生活及对美好生活的愿望，充分反映了当时社会的人文习俗风情。余荫山房的建筑装饰艺术丰富多样，独具匠心，大量运用木雕、砖雕、灰塑、陶艺等民间工艺烘托园内建筑，是岭南园林装饰艺术的集大成者。

余荫山房至今保存着 20 多种窗花样式，有"窗花小博物馆"的美名。这里的窗棂样式和图案格外精巧、千姿百态，无不透露着岭南园林特有的细腻、精致和活泼[9]。满洲窗是岭南园林装饰艺术的一大特色，它的运用为厅堂居所平添诗情画意，是岭南园林兼容并蓄的重要体现。余荫山房深柳堂和卧瓢庐都运用了满洲窗的设计，卧瓢庐设计了一排蓝白玻璃相间的满洲窗，简单的菱形纹样看似平淡素雅，但通过这扇窗能看到南粤大地难得一见的瑞雪隆冬和秋山红叶的景致，"一窗而知四季"让人大开眼界，因此它也被称为四季窗。

（三）空间意境表达

岭南园林的空间意境涵盖两个方面："意"为造园者主观的思绪情感；"境"为客观的物质空间环境。张家骥先生认为"园林意境的创造与中国作画中所强调的'意在笔先'具有共通之处，都必先立意而后创作[10]"。造园者将自己的思绪情感寄托于园林景观当中，通过光影、花木和水石等赋予空间诗情画意，将物质空间升华为能感知的意境空间，进而引起游者的精神共鸣。

余荫山房山水花木虚实相映，亭台池榭回环幽深，自然美景浓缩于小巧玲珑的庭院内，呈现了隐小若大、静中有动的空间意境[11]。水庭是余荫山房的重要组成部分，建筑绕水而置的形式达到开阔通透、小中见大的空间效果。石景则以静观为主，除玲珑水榭西南的一组英石林和东西轴线上的"童子拜观音"石景外，其余多为散置或与花木搭配成景，千姿百态，形成了"咫尺山林"的自然意境。花木配植在岭南园林意境表达中占据着重要地位，除品种搭配外，五感和季相的变化对意境的营造也有重要的作用。余荫山房的花木配植分布西疏东密，西侧以四方水庭及临池别院、深柳堂等建筑为主，花木搭配前疏后密、枝叶漏透，营造阔远闲适之境；东侧以玲珑水榭与八方水庭为中心，花木环水而植，搭配繁密浓郁、枝繁叶茂，营造清幽雅静之境。建筑、水体与植物之间藏露结合，疏密有致，于狭小中营造幽深广阔的空间意境。

三、文化安全视野下广州建发央玺社区花园造园实践

广州建发央玺作为一座现代写意岭南园林，于繁华中寻幽静，闹市中取雅致。规划上运用"向外借景，向内造景"的造园手法，外借石井河公园之景，内造大尺度中心社区花园，创造双园诗意人居格局。溯源岭南文化，以岭南园林代表之余荫山房为原型，以其"缩龙成寸、小中见大"的设计手法匠心营造，演绎别具岭南特色和人文风情的景观美学空间。该项目落地后受到行业多方认可，获得 2020 年 IFLAAAPME 奖"文化与传统"类荣誉奖和2020 年度广州市优秀工程勘察设计奖园林和景观工程设计一等奖等大奖。

（一）小中见大，呈现岭南空间艺术

央玺社区花园首开区景观面积约达 $1600m^2$，整体空间布局效仿余荫山房东西轴线布置，分为前庭、中庭和后庭 3 个园林空间（图 2-4-2）。整体空间因地制宜，布局紧凑，开合有序，动静结合，步移景异，同样以"缩龙成寸"的设计手法，在有限的空间内延续岭南人居的文化内核。

中庭和后庭（图 2-4-3~ 图 2-4-4）是集中呈现岭南园林文化的景观空间。中庭参考泗水归堂传统住宅格局，将社区中心与地下车库巧妙结合形成下沉内庭，丰富了垂直方向上的空间层次并形成多维度、多视点的空间体验。圆

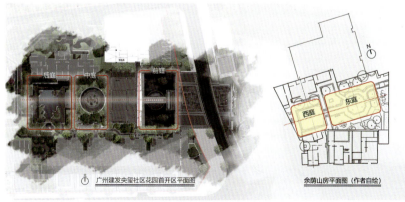

图 2-4-2 建发央玺社区花园首开区与余荫山房空间对比图

形屋檐由外向内设计，象征着天圆地方的理念。社区中心面向庭院采用24扇通透的桃木格栅，与庭院中的嘉树和曲水流觞等美景共同形成室内外空间的相互渗透。后庭则效仿余荫山房以深柳堂—廊桥—临池别院所组成的西庭空间布局，以四方水池为中心，景观回廊环绕四周，形成向心内聚的空间格局，在延长游人游览路线的同时使视线开阔通透。中庭桃木格栅与后庭四方水池的设计使庭院空间达到以小见大的效果。

图 2-4-3 建发央玺中庭实景图

图 2-4-4 建发央玺后庭实景图

（二）非遗传统文化传承岭南文脉

1. 灰塑非遗技艺的传承与复刻

　　灰塑是因应岭南地区炎热潮湿的气候条件发展而成的一种特有的建筑装饰工艺,造型手法表现为浮雕和半浮雕的形式,立体感强、造型丰富、色彩强烈,是岭南造园技艺的一种传统体现, 凸显了岭南造园特色, 2008 年更被列入第二批国家级非物质文化遗产名录。

　　央玺将岭南特色建筑装饰技艺与景观设计相结合, 下沉中庭入口正对的照壁是由灰塑国家级非遗传承人邵成村大师亲手打造的《百鸟朝凤图》(图2-4-5)。气氛热烈、仪态纷陈的《百鸟朝凤图》, 是中华民族向往和平与祈福的传统心态写照。此作单幅尺寸 15m×2m, 是目前世上最大的单幅百鸟朝凤灰塑, 经过构图、扎骨架、草筋灰打底、纸筋灰塑形、色灰塑形、上彩六大步骤(图2-4-6), 耗时半年制作完成,整体玲珑通透、层次分明、色彩丰富,其所蕴含的艺术追求及技艺价值是岭南园林文化的精髓。灰塑《百鸟朝凤图》是当代造园实践对传统技艺和工匠精神的传承, 体现了岭南地域文化的丰富多样, 促进了岭南园林文化在当代生活的可持续发展。

2. 岭南传统文化的设计与转译

　　下沉中庭地面的流水景观, 从"央玺"主题出发, 以"玺"字独创定制的书法体和渐变层叠的设计手法演绎曲水流觞, 寓意祈福平安。曲水流觞出自王羲之的《兰亭集序》, 后发展成为文人墨客诗酒唱酬的一种雅事, 被赋予祈福除灾、欢庆娱乐、儒雅风尚等多重含义。

　　曲水流觞的外沿和末端处放置了十二时辰铜壶滴漏以致敬岭南智慧。其源于岭南, 是广州工匠铸造发明, 自元至清末一直置于广州拱北楼用以报时, 是我国现存最大、最完整的古代计时仪器。由于铜壶滴漏长滴不绝, 也被广州人作为长相思念的象征。设计者在围绕社区中心与室外庭院的交界处设计了24扇桃木格栅, 格栅上圆形屏风图案选取了中国传统文化中的二十四孝图, 寓意对中华民族传统美德孝道的宣扬与传承。后庭景观回廊的四季窗屏风(图

图 2-4-5 《百鸟朝凤图》实景图及灰塑局部大样图

构图　　　　　　　扎骨架　　　　　　　草筋灰打底

图 2-4-6 灰塑《百鸟朝凤图》制作流程图

2-4-7）借鉴了余荫山房卧瓢庐四季窗的设计手法，由万字纹镂空雕刻的金属屏风镶嵌套色玻璃而成，在后庭呈现"一窗景色分四时"的浪漫意境，通过不同颜色的玻璃让观赏者看到别致的自然四季之景。

3. 丰富空间意境，尽显岭南特色

岭南园林的意境表达是通过造园者对岭南文化的理解与演绎后赋予空间诗情画意，将物质空间升华为人的情感共鸣，达到"言有尽而意无穷"的情景交融。后庭空间游园入画，明月清风，廊腰缦回，天人合一，纳山川美景于一园。传承岭南传统园林的造园精髓，在有限的空间内通过对自然的理解和提炼，再现自然，营造幽深广阔且意境深远的水庭空间。

纸筋灰塑性　　　　　　　　色灰塑性　　　　　　　　上彩

　　水庭以景观回廊组织空间，东西两侧设有玲珑水榭及月洞框景，连续的动线中随着时间和光影的变化给予游者步移景异的视觉感受。北侧回廊处效仿余荫山房同设跨绿廊桥，参照余荫山房廊桥廊、亭、桥"三合一"的制式以现代的设计手法进行仿建，廊檐下和廊柱饰以金属挂落和花纹，廊桥两侧设置木制美人靠，用于途中休憩或静观山水（图2-4-8）。廊桥侧面设一对景墙，以半圆内凹墙面的设计手法表达了一轮圆月腾空起的空间意境，墙上"海上生明月，天涯共此时"正是唐朝诗人张九龄在《望月怀远》中的经典名句，月明风清之夜，人、月、桥三影相映成趣，典雅恬静。

　　后庭植物按"四季"主题进行植物配置，整体西高东低。西北角以黄金香柳叶片的黄绿及雄株冬青的白色碎花体现春之明媚，东北角以紫薇的紫红花色表现夏之热烈，东南角以五味子的硕果累累和红枫的鲜红叶色呈现秋之迷人，西南角以雌株铁冬青和四季常春的嘉宝果展现冬之静谧。通过不同主题、品种和形态的特色植物与堆山叠石巧妙搭配，形成了高低起伏、其趣各异的自然小景。

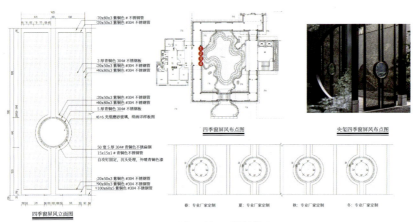

图 2-4-7 央玺四季窗屏风做法大样图

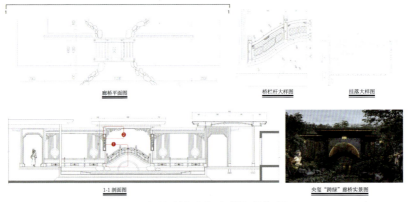

图 2-4-8 央玺跨绿廊桥与余荫山房"浣红跨绿"对比图

四、结语

作为岭南地区重要的历史文化记忆，岭南园林在造园理念、造园技艺和审美情趣等方面的传承与发展面临着严峻的危机。本文以余荫山房为例，从空间布局、文化技艺及意境表达 3 个方面分析岭南园林的造园智慧，并以它为原型指导当代岭南造园的创新性实践，主要影响总结为以下几点。

（1）岭南园林空间灵活多变，当代造园应尊重、延续和创新性借鉴在历史发展中形成的空间特征，传承和发扬岭南园林空间的艺术和智慧。

（2）当代造园应尊重和保护传统技艺和造园匠人，在实践中为其提供展示与提升技艺的机会，使岭南园林的造园技艺和工匠精神得以延续和发展。

（3）岭南园林本于自然而高于自然，当代造园应利用文化共通性，通过叠石理水、花木配植等赋予空间诗情画意，营造能感知的意境空间。

我们应当以文化安全的视野对岭南优秀传统文化进行传承发扬和创新升华，在当代造园实践中续写岭南园林人居智慧，再现岭南深厚人文底蕴，使其在漫长的历史发展和时代进步中得以延续保存，真正实现岭南园林文化的可持续发展，更好的维护岭南地区的文化安全。

参考文献

[1] 杨倩.维护国家文化安全助力文化强国建设 [EB/OL].(2021-04-15)[2022-09-17]https://www.mct.gov.cn/whzx/whyw/202104/t20210415_923726.htm.

[2] 叶金宝.文化安全 [J].文化学刊,2009(1):41-41.

[3] 冯大彪.国家文化安全本质的理论探赜 [J].理论界,2022(2):73-80.

[4] 涂成林.国家文化安全视域下的传统文化与核心价值 [J].广东社会科学,2016(6):47-53.

[5] 张文英,邓碧芳,肖大威.试论岭南文化与岭南园林的共生 [J].古建园林技术,2009(2):19-23.

[6] 吕兆球.广州市余荫山房庭园文化探索 [D].广东:华南理工大学,2013.

[7] 陆琦.岭南造园艺术研究 [D].广东:华南理工大学,2002.

[8] 陆琦.岭南私家园林 [M].北京:清华大学出版社,2019.

[9] 肖桂来.广东余荫山房一扇窗包纳四季美景 [EB/OL].(2018-04-18)[2022-09-17]http://m.people.cn/n4/2018/0418/c3522-10848972.html

[10] 罗明.岭南园林空间营造手法在当代岭南博物馆中的借鉴与运用研究 [D].广东:华南理工大学,2020.

[11] 李敏.诗画生境中国园林艺术赏析 [M].北京:机械工业出版社,2022.

基于儿童友好理念的城市公园更新实践研究

——以淄博张店儿童公园改造为例

图 2-5-1 儿童乐园实景图

　　城市公园是城市的"绿肺"和居民生活的重要载体，其品质直接映射着城市文明程度与居民生活质量。建于 2000 年的张店儿童公园曾是淄博市张店区第一个儿童主题公园，承载着几代人的童年记忆。然而，随着时间的推移与城市的发展，这片曾经欢声笑语的天地逐渐褪色，呈现"儿童公园无儿童"的尴尬困境。2021 年，为响应淄博市儿童友好城市建设要求，张店区启动了儿童公园的全面更新工作。本文以张店儿童公园改造为例，探讨如何通过多维友好的设计策略，在尊重场地历史与自然资源的基础上，构建满足全龄需求的活力空间。项目通过八大主题活动区与三大交通环线的有机整合，不仅让老公园焕发新活力，更成为城市儿童友好空间建设的典范，实现了"褪色童年"到"活力乐园"的华丽转身，为城市更新与居民需求的平衡提供了富有启发性的实践范例。

一、项目概况

（一）项目背景

　　张店儿童公园（图 2-5-1）位于淄博市张店区东二路以东，共青团东路以南，商场东路以北，占地面积 110,000m²，由张店区政府于 2000 年 7 月投资开工建设完成，是张店区第一个以少年儿童为服务主体的专题公园。2021年，根据《淄博市"十四五"儿童发展规划》要求[1]，张店区委、区政府从全局出发，贯彻落实淄博市全域公园城市建设要求，将张店儿童公园改造提升作为建设淄博市儿童友好城市的示范先行项目，致力于将其打造成为淄博市唯一的儿童专项公园。它是助力城市品质提升的重要项目。

（二）设计多维友好的全龄儿童公园

设计保留原有场地特征和植被资源，优化功能布局 [2]，构建三大交通环道和八大主题活动区，提升公园的体验感，焕发老公园的新活力。通过全龄友好的空间策略，兼顾各年龄段使用者的需求，增强场所认同感，引领张店区全域公园建设实践。

二、褪色的童年——老城区公园的困境

张店儿童公园地处老城区，是淄博首个儿童主题公园，曾承载了无数孩子们的欢声笑语。设计团队初次踏勘现场时发现，经历数十年的使用，公园设施老化严重，空间活力衰弱，显得暮气沉沉，如同褪色的童年，满是时光磨损的痕迹。

儿童主题缺失明显、儿童器械数量及亲子活动空间严重不足，这形成了"儿童公园无儿童"的怪象；公园服务设施陈旧，多栋荒废的建筑及景观构架，存在潜在的安全隐患，休憩设施配置不足，无法满足基本的使用需求。整体缺乏有效的管理维护，导致部分区域杂草丛生，可达性低。

在城市空间的动态演进与扩张过程中，公园的维护与更新未能同步发展，导致功能退化。作为淄博市唯一的儿童专项公园，其空间品质和功能配置已难以满足儿童友好型城市建设标准，亟需系统性更新。

三、基于儿童友好理念的场地更新策略

本设计秉持尊重自然、以人为本的理念，旨在将张店儿童公园改造成一个充满活力、适宜全龄的城市公共空间。

（一）多动态空间布局，营造儿童友好空间

入口空间（图 2-5-2）是展现儿童公园特色与城市形象的关键界面 [3]。设计采用灵活的空间布局与五环色彩系统，强化入口区域的主题特征和空间亲和力。此外，通过对色彩明度的调整，使入口形象既能彰显公园特色，又

能与周边环境和谐融合，营造充满活力的现代化氛围[4]。同时，多动态空间布局策略的运用，将为不同年龄段的使用者提供多样化的活动场所和体验，创造更具包容性和互动性的公园入口空间。

图 2-5-2 改造前与改造后对比

（二）尊重场地肌理，传承历史文脉

公园内现有 60 多种乔灌木（图 2-5-3），包括国槐、栾树、白蜡、雪松等。它们既是公园 22 年发展的见证，也是场地历史记忆的重要组成部分。

图 2-5-3 改造前与改造后对比

　　设计团队对场地内的每一棵树木进行了逐株测绘与信息采集，并以此为基础进行空间梳理，最大程度地保留了原有的枝繁叶茂的树木，尤其是场地中标志性的大树，使其为游憩活动提供自然遮荫空间。新的功能布局和游乐设施都充分考虑了现有植被的分布，实现了自然与人工的和谐共生。

（三）优化交通组织，提升游园体验

　　针对公园原有交通系统单一、趣味性不足，以及局部区域林下植被杂乱等问题，本设计对其进行了系统优化图 2-5-4）。通过构建"互动环、游览环、休闲环"三大交通环线，串联各功能区，提升了通达性和连贯性[5]；通过清理林下灌木，结合乔木布局，设计立体交通和停留节点，丰富了游园体验。

图 2-5-4 改造前与改造后对比

（四）多元功能布局，满足全龄需求

设计团队通过行为观察和用户访谈，深入研究不同年龄群体的活动特征与空间需求，结合场地资源条件，统筹优化功能布局，打造富有活力的多元复合空间（图2-5-5）。在功能区设置上，既考虑了儿童的动手能力、探索欲和好奇心，又兼顾了成人的休闲需求，最终形成一个满足多维需求的复合型活动场所[6]。

图 2-5-5 改造前与改造后对比

四、儿童友好空间的改造与实践

基于对儿童心理特征和行为模式的深入研究，结合场地特点，设计团队构建了一个融合儿童动手能力、探索欲和好奇心的主题游憩系统。整体空间规划形成了八大主题活动区，包括星空广场、海蓝秘境、溪谷剧场、蹴鞠游乐园、活氧森林、万象竞技场、海泡泡乐园和缤纷秀场，其中配置了4个主体游乐设备、149项配套游乐设施和12种玩法模式，形成了丰富多样的游憩

体验。

（一）星空广场——城市文化精神坐标

星空广场作为公园的核心入口空间，既是游客集散枢纽，也是城市文化的象征。设计选用被誉为"世界上最美好、最幸福的蓝色"——蒂芙尼蓝为主色调，传递淄博的爱与美，彰显真诚浪漫的城市精神，使其成为淄博市民的标志性精神坐标，具有鲜明的文化归属感和视觉识别度。

（二）蹴鞠游乐园——融合城市底蕴，传播文化名片

蹴鞠游乐园区域原为亲子活动场地。该区域此前仅有空旷平台与法桐林，缺乏儿童游乐设施及亲子互动项目，功能单一，未能充分发挥其空间价值。设计团队将具有淄博特色的蹴鞠文化元素植入场地[7]，构建了一个多维度、多空间、多玩法的大型全年龄活动乐园（图2-5-6）。园内设造型独特的蹴鞠城堡、时尚前卫的高空瞭望塔、惊险刺激的空中爬网等色彩斑斓、趣味十足的儿童游乐设施，打造沉浸式的互动体验。通过丰富多彩的活动内容，让"有趣好玩"成为乐园的主旋律，同时将淄博的蹴鞠文化这一城市名片传递给不同年龄层的游客。

图 2-5-6 未来蹴鞠乐园功能分区

（三）万象竞技场——满足多元化体育需求

在场地调研中，当地市民对体育运动设施需求强烈，但受限于公园现有场地不足、运动类型单一，现有场地难以满足多样化的运动需求。

为此，设计团队在整合现有乒乓球场和半场篮球场的基础上，利用场地空地资源，扩充了运动场规模（图 2-5-7~ 图 2-5-9）。新增设不同的球类运动场地和公共体育设施以满足不同体育爱好者的需求。场地的功能提升强化了公园的公共属性，提高了万象竞技场在城市公共空间中的价值。

图 2-5-7 万象竞技场实景图

图 2-5-8 万象竞技场实景图

图 2-5-9 万象竞技场实景图

（四）海泡泡乐园——激发儿童想象力与探索欲

海泡泡乐园以海洋为主题，运用富有韵律的地形起伏和海洋生物元素，营造出富有想象力的游戏空间。其运用色彩化的构架系统，配合模块化的秋千设置，塑造寓教于乐的游戏环境。空间中融入的各类趣味器械与多功能游乐设施既满足了儿童的游戏需求，又激发了他们的探索欲望和创造力。

（五）溪谷剧场——亲子互动的欢乐海洋

溪谷剧场充分利用了场地中杨树林的自然优势，设计了空中栈道和密林爬网，构建起一个立体化的交通系统，为儿童打造了一个充满探索乐趣的空中乐园。在林下空间，通过童星梦幻剧场、水乐园和云朵沙滩的功能布局，营造出融合亲子互动与游戏体验的活力空间。

水乐园区域（图 2-5-10~ 图 2-5-12）设有无动力戏水项目，如水枪大战、蘑菇互动喷泉等，丰富的互动性戏水器械让孩子们流连忘返。通过这些设计，溪谷剧场不仅为儿童提供了多层次的游乐体验，也为家长创造了与孩子增进感情的亲子互动机会 [8]。

五、社会效益与影响力

开园当日，公园相关话题在网络平台受到广泛关注，成为市民和游客争相分享的热点。景点推荐度从改造前的 85% 显著提升至 98%，重新开园后更是收获了 100% 的五星好评。这一系列亮眼的数据不仅反映了公园改造的成功，也证明了其在提升市民满意度和幸福感方面的积极作用。

张店儿童公园的改造还吸引了省内外各级政府部门前来考察调研，成为了展示淄博城市更新成效的典型案例。同时，公园开园后吸引了淄博市各区县市民及周边的游客，成为深受欢迎的亲子游憩与文化体验的公园。这一现象带动了周边商业环境，提升了区域活力，为市民创造了融合休闲与文化的优质公共空间。张店儿童公园不仅是一座功能完善的城市公园，更是淄博市民生活品质提升的重要表现，充分体现了城市公共空间在服务民生和推动社会发展中的积极作用。

图 2-5-10 溪谷剧场实景图

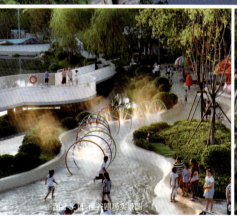

图 2-5-11 溪谷剧场实景图

图 2-5-12 溪谷剧场实景图

六、结语

　　城市公园作为城市重要的公共绿地，既是城市的绿肺，也是市民休闲娱乐的重要场所，它在城市更新浪潮中扮演着关键角色。而城市更新的本质正是对现代居民生活需求的不断回应。随着城市的高速发展，市民的需求已从量的满足转向质的提升。设计团队致力于营造更优质的空间体验，激发场地活力，并在张店区儿童公园改造项目中，成功探索出城市更新与居民需求之间的平衡点。张店儿童公园通过特色景观设计和绿地系统优化，形成了城市重要的景观节点。该项目营造了适应不同年龄段儿童认知与运动发展的特色游戏场所，也为市民和游客打造了富有活力的公共交往空间。

参考文献

[1] 淄博市人民政府关于印发《淄博市"十四五"妇女发展规划》《淄博市"十四五"儿童发展规划》的通知 [EB/OL]. 淄博市人民政府 ,2021-12-09[2024-12-09].https://www.zibo.gov.cn/gongkai/site_srmzfbgs/channel_62b90a3d54d75d87684ed8dc/doc_62b91392ff76122fff4ed88b.html

[2] 李仓拴 , 刘晖 , 程爱云 , 等 . 尊重自然力启示下的城市自生群落改良设计实验 [J]. 风景园林 ,2018,25(06):58-63.

[3] 张晓三 . 城市公园入口空间形态研究 [D]. 湖南大学 ,2009.

[4] 梁馨 , 黄磊昌 . 试析色彩公园的规划设计研究 [J]. 绿色科技 ,2021,23(23):28-30.

[5] 卢雨蓉 , 邓建锋 , 韩贵锋 , 等 . 城市公园的多维可达性动态评估研究 [J]. 中国园林 ,2022,38(05):92-97.

[6] 林芷珊 , 林广思 . 基于可供性理论的儿童友好型开放空间研究现状与展望 [J]. 风景园林 ,2022,29(02):71-77.

[7] 孙健 , 柏延洋 . 蹴鞠文化——淄博城市发展的文化软实力 [J]. 体育科学研究 ,2017,21(01):58-61.

[8] 杨彤 . 户外亲子景观空间互动性元素设计研究 [J]. 现代园艺 ,2021,44(03):164-166.

白天鹅的重生

——岭南园林与现代生活交融的怡人生境

图 2-6-1 广州白天鹅宾馆实景图

城市中的标志性建筑往往凝结着特定时代的记忆。本文以广州白天鹅宾馆改造项目为例，探讨文化传承与现代创新的平衡之道。作为中国酒店业发展史上的重要里程碑，白天鹅宾馆（图 2-6-1）承载着特殊的历史价值与文化意义。面对时代发展带来的新需求，设计团队通过系统性思考，构建了一套兼顾保护与更新的设计策略。

从怡人生境的核心理念出发，项目在景观水体营造、古树保护、文化元素提取与现代技术融合等方面进行了富有创意的实践。这一案例展现了如何在尊重历史的基础上注入当代活力，使建筑在保有文化基因的同时焕发新生。其中的设计法论为同类历史建筑的更新改造提供了借鉴，也为建筑文化遗产的可持续发展提供了实践路径。

一、项目背景：历史与现实的交汇

该项目位于广州闹市中的"世外桃源"——沙面岛，北接沙面历史文化街区，南临珠江白鹅潭，景观视野极佳。宾馆于 1983 年由霍英东先生与广东省政府合作投资建成，是中国第一家中外合作的五星级宾馆，被誉为改革开放的成功典范[1]。宾馆曾接待过 40 多个国家的 150 位元首政要和王室成员，是邓小平改革开放正确路线的伟大见证，具有重大的时代意义。

宾馆在 2010 年国家第三次文物普查时被认定为"文物"，具有非常高的历史地位。然而，历经 30 多年的运营，宾馆的各项设施已经变得老旧，功能配置已不能满足现代服务需求且存在安全隐患，面对来自外界的激烈竞争，宾馆亟需进行全面的变革。

二、项目概况：传承与创新的主题

白天鹅宾馆占地面积约为 30,000 ㎡，景观面积约为 13,200 ㎡。为了顺应时代的发展，宾馆于 2012—2015 年进行了为期 3 年的闭门改造，并于 2015 年 7 月全面恢复营业。改造过程中，宾馆对整体功能需求进行全面梳理，并赋予景观园林新的功能定位（图 2-6-2）。从主次入口、中庭"故乡水"、玉堂春暖、海宴楼，再到后花园（泳池花园），景观被划分成若干个功能区。

图 2-6-2 后庭花园鸟瞰图

三、设计理念：重拾本土文化的"精气神儿"

　　白天鹅宾馆拥有独特的历史背景，设计团队通过解读其历史背景和时代特征，提炼场地文化基因，从历史文脉传承的角度出发，提炼其"精气神儿"和文化 DNA。设计须坚守宾馆的文化基因，保护其核心文化价值，并以现代设计手法加以延续，同时兼顾业主方需求及新的定位。

　　据此，设计团队确立了"延续文脉、修旧如旧、保护与传承、突破与创新"的设计理念，用现代的设计手法演绎传统的岭南文化。具体体现在以下 5 个方面。

（1）保留天鹅白的标志性色彩，延续品牌形象。

（2）融入岭南园林的广府文化内涵，彰显地域特色。

（3）秉承工匠精神打造五星级品质，确保细节高标准呈现。

（4）采用创新引领的设计理念，融入新技术与新工艺。

（5）传承霍英东先生的经营理念，打造开放共享的空间格局。

四、创新设计与实践：落实怡人生境的人文关怀

（一）水景营造："一池三山"的景观格局

东入口的水池设计采用结构架空的方式，将水体荷载分散至主体承重结构，有效减少了水体荷载对原楼板的影响，并在原址保留了场地上的 3 块太湖石（图 2-6-3~ 图 2-6-5）。设计团队通过巧妙布局，使蜿蜒的水池与 3 块太湖石相互呼应，营造出"一池三山"的景观格局，为传统意境赋予了全新的内涵。

图 2-6-3 水景营造实景图

图 2-6-5 水景营造实景图

图 2-6-4 水景营造实景图

（二）古树保护：生态优先设计

基于生态优先的设计理念，项目最大限度地保留了原有大树[2]。以北入口的行道树为例，设计师将原生树木与水景空间进行整体性考量，通过"架空隔离"的设计手法，巧妙地满足了保护古树与营造水景的双重需求。这种做法既确保了水体景观的完整性，又有效保护了行道树的生长空间，体现了对原有生态环境的尊重与呵护。

（三）景观修复：功能性改造

因中庭回廊外延需修建消防卷帘，"故乡水"景观（图 2-6-6）中部阻碍卷帘下放的假山石被拆除。为此，设计团队采用挂壁法对山体进行修补，同时将原假山上的苔藓和水池中的锦鲤进行异地迁移与保护，在满足功能性改造需求的同时，最大程度地保留了景观的生态价值与原有特色。

（四）垂直绿化：现代生态技术

项目巧妙地利用柔性绿化和垂直绿墙进行空间分隔，以"小中见大"的设计手法丰富了庭院空间的层次变化。立体绿墙采用了自动滴灌技术，不仅增加了酒店环境的绿化量，还提升了整体环境的舒适度[3]。

（五）文化传承：满洲窗元素

设计团队对传统满洲窗元素分解提炼，将其复杂纹样化繁为简，抽象为方形网格纹样，并运用浮雕透雕的制作工艺加工成景墙饰面装饰[4]。整体设计现代简洁，又不失文化韵味，同时与室内的满洲窗（图 2-6-7）相互呼应，展现出文化的延续性。

（六）渔民记忆：竹编创新设计

为传承珠江渔民文化，延续场地历史记忆，设计团队从传统竹编鱼篓汲取灵感，运用参数化设计手法，创新打造了一座具有编织肌理的特色凉亭（图 2-6-8）。该凉亭与江边庭院融为一体，成为了场地的独特标识。同时，在另一侧方形广场的水景墙上，设计了一幅立体版雕，生动描绘了珠江疍民"水

图 2-6-6 故乡水

图 2-6-7 满洲窗

图 2-6-8 鱼篓编制亭

上人家"的生活场景，与江边的渔篓凉亭遥相呼应，形成了文化与景观的深度融合。

五、材料效果：营造和谐意境

为了实现整体效果的统一性，立面材料选用了"珍珠白"花岗岩作为园建立面饰面，与建筑的"天鹅白"形成和谐统一的色调。在地面铺装上，则选用了黑色系石材（图2-6-9），与白色建筑形成对比，突出了建筑的轮廓和质感。在水池区域统一使用深黑色的石材，营造出水面静谧幽深的意境效果，整个建筑与景观园林在黑、白、灰的素雅基调中相互呼应，呈现出简洁而和谐的意境。

图 2-6-9 黑色系石材铺装

六、结语

白天鹅宾馆的改造项目成功平衡了传统与现代元素，通过创新设计手法展现了历史建筑的当代价值。设计团队在尊重建筑原有特色的基础上，注入新的功能与活力。它将岭南文化的精髓与现代人居理念相结合，以怡人生境为核心，在生态优先、文化传承和人文关怀等方面精心布局。每一处设计细节都彰显匠心，让这座承载时代记忆的宾馆在保有历史底蕴的同时，绽放出新的生命力。

参考文献

[1] 蔡晓梅,苏晓波.迷失的优雅:广州白天鹅宾馆景观演变中的文化政治 [J].旅游学刊,2016,31(03):16-25.

[2] 张庆峰.古树名木保护中存在的问题与对策 [J].河北农业科学,2010,14(05):26-28. DOI:10.16318/j.cnki.hbnykx.2010.05.041.

[3] 王勇进,李沛琼,谢海标,等.深圳市园林绿化树种的调查与评估 [J].中国园林,2000,(01):49-52.

[4] 韩放.满洲窗:中西文化融合的岭南传统建筑装饰元素 [J].广州大学学报 (社会科学版),2013,12(09):92-97.

永续营境

SUSTAINABLE ENVIRONMENT CONSTRUCTION

第三章

经营思维

乡村振兴战略是国家重大发展战略，产业兴旺、生态宜居、乡风文明、治理有效和生活富裕是乡村振兴的主要目标。

乡村振兴不仅是物质上的建构，也是一场深刻的社会变革。因此，为推进乡村振兴，创新思维的注入与现代经营理念的融入显得尤为重要。如何盘活市场资源、激活市场活力、创造发展的新价值，是实现乡村振兴的关键。运用经营思维，就是将市场化、产业化和品牌化等理念融入乡村发展，以可持续的商业模式反哺乡村建设，最终实现经济、社会、生态和文化价值的全面提升。如何让乡村焕发新的生机？答案也许就在"经营"二字里。

本章将从经营管理的角度出发，深入分析乡村发展的新模式。通过对乡村营地的建设、农业产业园的打造、特色乡村旅游和田园综合体的开发等案例的研究，探索产业融合、传统文化活化利用、空间布局优化等方法的灵活应用，实现乡村的可持续发展。

一、经营思维的定义与乡村发展中的作用

经营思维是将生态、文化和人才等乡村资源通过科学规划、资源整合、品牌运营和模式创新等手段，转化为可盈利的经济产业。经营思维的核心包含乡村资源的有效利用，同时强调产业链的搭建与运营效率的提升。经营思维要求灵活应对市场需求，关注项目的长期可持续发展，同时也需要结合乡村的本土特征，打造具有地方特色的品牌，实现价值最大化。

在乡村振兴过程中，经营思维特别强调将"美学设计、生态保护与商业模式"结合，通过挖掘乡村自身的文化内涵与经济潜力，将低效、单一的资源升级为可持续发展的综合产业体系。这有助于乡村项目通过多元化的产业融合，实现高效的经济运作，最终达到增加居民收入和促进区域经济增长的目标。

二、经营思维：乡村振兴的核心逻辑

传统的乡村发展模式多依赖政府主导和政策扶持，缺乏市场化运作机制和自主经营能力，简单的政策"输血"和项目扶持已无法满足乡村振兴的长期发展目标。引入经营思维，将市场机制和商业模式融入乡村发展，是实现乡村可持续发展的重要途径。

　　乡村经营理念应以经济效益为核心，以市场为导向，统筹村域资源进行系统化经营与管理。通过整合资源、推动产业升级和打造特色品牌等手段，能够有效提升乡村的经济活力和市场竞争力，为乡村振兴注入可持续发展的动力。经营思维的核心在于价值创造，它将乡村的资源、文化、生态等要素转化为可持续的经济效益，并反哺乡村建设，形成良性循环。这需要做好以下工作。

（一）目标市场定位

　　剖析市场需求，精准定位目标客群，根据需求设计相应的产品和服务，从而避免盲目投资和资源浪费。

（二）资源整合与价值转化

　　乡村蕴含丰富的自然、人文和产业资源，经营思维强调通过有效整合这些资源，创新转化为具有市场价值的产品和服务。运用现代管理理念和方法，对乡村资源进行精细化管理，提高运营效率和服务质量。

（三）可持续的商业模式

　　乡村经营需要建立稳健的商业运营体系，通过科学的运营管理确保项目的经济效益和长期的发展。鼓励创新，发展新产业新业态、探索新型产业模式，从而为乡村的发展带来长久的活力。打造具有地方特色的品牌，提升乡村的知名度和美誉度，增强市场竞争力。

（四）合作共赢机制

　　乡村振兴是一个系统工程，需要构建政府引导、企业主导、农民主体的多元参与格局。通过构建科学合理的利益分配机制和价值共创体系，推动乡村资源的高效利用，实现乡村振兴整体的效益最大化。

三、经营思维的实践路径

　　乡村振兴需要因地制宜的经营模式，基于区域特点和资源禀赋，构建符合本地实际的发展路径。经营思维的落地应用需要与具体的乡村发展项目相结合。

（一）乡村旅游：璞营地在可持续理念下的营建

以乡村的自然风光和人文资源为依托，发展休闲度假、观光体验和农事研学体验等旅游产品，从而带动乡村经济的发展。璞营地以可持续发展理念为核心，将自然资源与乡村旅游相融合，打造一个高品质的露营体验区。乡村营地作为近年来兴起的新型乡村旅游业态，其在经营思维的运用上尤为关键，这体现在场地选择、市场调研、目标客群定位、特色产品开发、品牌形象打造和精细化运营管理等方面。璞营地的成功在于其将生态保护、文化传承和经济效益有机结合，实现了可持续的经营发展。

（二）休闲农业：宝桑园产业资源的整合与提升

广州花都宝桑园通过产业融合创新实现了农业产业园的转型升级。宝桑园将传统农业与休闲旅游深度融合，开发采摘体验和农事体验等特色项目，既丰富了游客体验，又提升了村民收益。

作为连接农业生产与市场需求的重要平台，宝桑园注重构建完整产业链，通过优化产业结构、引进优质企业、培育特色业态、打造区域品牌、完善营销体系等举措，有效提升了农业生产效率，增强了产业抗风险能力。同时，通过空间环境营造和乡土文化传承，形成了独具特色的产业发展模式。

（三）从田园到商旅：马岭喜花里的乡村振兴

马岭喜花里项目作为"百千万工程"的典型示范案例，通过全链条开发和文旅融合，利用当地的花木资源和生态环境，打造了活力休闲港、鲜花基地等特色项目，实现了从传统农业向现代生态旅游业的转型。

这一转型不仅改善了村庄环境，而且显著提升了村民的生活水平，同时助力马岭喜花里精准定位，发展成为集农业、文旅、研学和住宿等多功能于一体的生态旅游目的地。通过多元化的发展策略，马岭喜花里有效塑造了全新的村庄形象，激发了乡村经济活力，为乡村振兴注入了持续动力。

（四）田园综合体：大野牧乡国际牧场的乡村价值重构

田园综合体以农业为基础，融合第一、第二、第三产业，打造集生产、生活和生态于一体的综合性乡村发展平台。

大野牧乡国际牧场项目作为典型案例，通过整合"产业＋文旅"资源，重构乡村价值，打造了一个集养殖、休闲旅游和教育体验于一体发展格局。项目采用"政府资源方＋国企投资方＋市场运营方"的合作模式，实现全链条运营统筹，并通过特色IP打造、品牌建设和线上线下整合营销，促进了空间价值的多元利用。

四、乡村振兴的经营思维启示

（一）运营前置：全链条价值管理

文旅项目从静态开发转向动态运营转型，传统的"先建后运营"模式可能会导致资源错配和投资浪费。而全链条运营模式则强调"运营前置"，将运营思维融入项目规划、设计和建设等全生命周期，实现全链条价值管理。

例如在大野牧乡项目中，怡境文旅作为运营统筹方，提前介入规划、设计甚至建设环节，确保了项目的可行性和收益性。这种动态的全周期运营体系体现了经营思维的重要性，有效避免了资源低效利用和无效投资等问题。

（二）产品与场景的创新融合：构建沉浸式体验

乡村旅游的竞争力正从简单的观光"看"向沉浸式体验"玩"和休闲度假"住"升级，"场景即经济"已成为现代乡村经营的重要方向。体验经济与空间营造的深度融合成为提乡村旅游竞争力的关键抓手。

例如：马岭喜花里以"喜文化"为主题，巧妙串联观光、住宿和购物等多元场景，通过场景驱动的空间体验，有效满足了消费者日益增长的个性化需求。这种创新的产品体系不仅提升了乡村的吸引力和经济效益，也为乡村休闲经济的发展提供了新思路。

（三）产业生态化：乡村三产融合的关键路径

"文旅＋产业"融合模式打破了传统的产业壁垒。通过文化旅游赋能传统农业，有效提升了产业附加值。产业协作是基础，融合发展是方向，而经营思维的核心是以"价值最大化"为目标，打通产业链条。

例如宝桑园该项目以桑树资源为核心，通过提供桑果采摘、手工制作等体验活动，着力打造"桑文化"品牌。它不仅提升了游客体验的满意度，也实现了园区经济效益的显著提升。这种围绕单一农业资源发展第一、第二和第三产业融合的模式，是乡村产业协同发展的范例。

（四）资源到品牌：文化品牌化与 IP 设计是核心价值驱动

深挖在地资源，通过文化和 IP 赋能，打造独特的品牌价值和文化记忆，这是提升乡村市场竞争力的关键。IP 运营模式重在打造独特的文化符号系统，强化品牌认知和市场竞争力，这也是经营思维的重点。

例如大野牧乡将"牧鲜奶牛 IP"应用于研学、餐饮、文创等多个环节，为游客提供产品、服务和文化深度融合的完整消费体验，显著提升了品牌价值。持续创新是乡村项目保持独特性和吸引力的关键动力，需要从文化挖掘、品牌塑造和服务优化等多个维度不断注入创意，才能实现长久发展。

五、结语：经营思维引领乡村振兴新篇章

经营思维作为推动乡村振兴的核心驱动力，突破了传统乡村发展模式的局限。其将市场化理念与现代管理方法有机结合，为乡村发展提供了新的发展动能。通过对实践案例的系统分析，可以归纳出以下特征：运营前置实现全链条价值管理；产品创新满足差异化市场需求；产业融合实现资源价值最大化；文化 IP 打造形成持续竞争优势。

纵观乡村振兴的发展进程，其长期性和艰巨性不容忽视。在尊重乡村生态和文化根脉的前提下，充分运用市场化机制激活沉睡的乡村资源，促进经济价值、社会价值和生态价值的协同发展。通过产业深度融合、农业现代化建设、本土人才培育、乡村治理优化等系统性举措，逐渐消解城乡二元差距，为实现共同富裕和社会现代化建设提供坚实支撑。

可持续发展理念下的乡村营地营建策略

图 3-1-1 璞营地

可持续发展理念自 1987 年提出以来，已从理论走向全球实践，成为应对环境与发展挑战的共识。在中国，生态文明建设与乡村振兴战略是对此理念的一种本土化诠释，为乡村发展注入新活力。随着生活水平的提高和旅游

需求的变化，乡村营地作为新兴旅游业态正在快速发展。然而，当前乡村营地建设面临三大困境：缺乏系统化理论指导、全局规划不足和可持续发展方案缺失。因此亟需探索符合中国实际的发展策略。本文以广东清远英德市璞营地（图 3-1-1）为例，分析其如何在资源生态、文化传承、社会参与和经济效益 4 个维度协同发展，实现可持续建设目标。璞营地通过尊重原场地生态、融入地域文化、促进社会参与和创新经营模式，在降低对环境影响的同时实现了经济效益的提升，为乡村振兴背景下的可持续发展提供了可借鉴的实践范例，展现了"人与自然和谐共生"理念的具体落地路径。

一、相关理论发展的历史和背景

（一）可持续发展理念研究

人们普遍熟知的可持续发展理念源于 1987 年的长篇报告《我们共同的未来》，该报告提出可持续发展理念就是"既满足当代人的需求，又不损害后代人满足其自身需求的能力"。与环境和谐共生，着眼于未来是可持续发展理念的核心精神。1992 年，联合国召开了环境与发展大会，会上提出并通过了《里约环境与发展宣言》《21 世纪议程》等纲领性文件，并敦促各国制定有效措施，控制环境污染及生态恶化，实现可持续发展，这标志着可持续发展理念从理论走向实践。同时，全球掀起了可持续发展理念的研究热潮，学者针对可持续发展理念相关问题展开研究，产生了许多研究成果。各地区由于本身的意识形态、经济、社会、文化和制度的不同，对其也有不同的解读，同时也进行了不同的思考和尝试。当今可发展理念仍被进一步细化、调整和重铸。

我国学者对可持续发展理念的研究同样热衷。中国政府于 1994 年正式公布了《中国 21 世纪议程》，包含了"可持续发展总体战略及政策""社会的可持续发展""经济的可持续发展"和"资源合理利用及环境保护"4 个部分的内容，这标志着可持续发展理念在国内全面生根发芽。学术界对其研究逐年增多，中国应确立适合自身的可持续发展观，建立可持续发展的经济、社会体系及保持相适应的可持续利用的环境基础及资源，以同时实现经济繁荣、社会进步和生态安全 [1]。我们也应充分认识到，可持续发展理念涵盖多领域、多学科，是复杂的系统性问题，其中经济的可持续发展是社会可持续发展的基础，资源利用的可持续是经济可持续发展的基础，生态环境的可持续是资源可持续利用的基础 [2]。而且，可持续发展涵盖了"自然、经济、社会"的运行规律及"人口、资源、环境、发展"的关系 [3]。

综上所述，作为一个系统性理念，针对实际情况在具体项目营建上的可持续发展构想，包含了资源与生态可持续发展、社会可持续发展、文化可持续发展和经济可持续发展等内容须保证各个方面都在良性及合理的发展轨迹上，相辅相成，方可系统实现可持续发展。同时，应在可持续发展的"方法"，而不是"口号"上下功夫，在关注可持续发展核心问题的同时，探索并实践出适合中国的可持续发展策略[4]。因此，本文的目的是在实际案例分析的基础上讨论可行的方法论。

（二）国家生态文明建设及乡村振兴战略背景

生态和谐发展理念是可持续发展理念的发展与具体化。近代我国乡村生态的建设很大程度上是在 2018 年党的十九大乡村振兴战略发展精神的指导下逐步兴起的。党的十九大报告指出，实施乡村振兴战略的重点是要实现农村"生态宜居"，提出"保护自然、顺应自然、敬畏自然"的生态文明理念，并初步提出要努力实现"人与自然和谐共生"[5]。

2021 年 3 月 11 日，十三届全国人大四次会议再次强调绿色发展，提出人与自然和谐共生的目标。会议表决并通过了《中华人民共和国国民经济和社会发展第十四个五年规划和 2035 年远景目标纲要》，这是比十九大报告更详尽的会议指导方针。这次会议除了强调"绿水青山就是金山银山"外，还提出了实施可持续发展战略，提出要持续完善生态文明领域的统筹协调机制及构建生态文明体系。至此，生态和谐发展的理念与可持续发展战略目标完美融合。同时，还提出了要壮大乡村旅游和民宿经济等特色产业，发展各具特色的现代乡村富民产业。乡村营地的发展与建设至此逐步为人们所关注。

（三）乡村营地建设与研究进展

露营活动的雏形起源于 1860 年的美国，在国外已经历了一个多世纪的发展，露营旅游无论是数量、质量、形式，还是在人们生活中的角色都在不断改变[6]。而在国内，营地旅游建设经验及研究均晚于国外。我国营地旅游活动起步于 20 世纪 90 年代，但一直发展缓慢。随着时代的发展及人们旅游需求的改变，2014 年，国务院在其印的《国务院关于促进旅游业改革发展的若干意见》（国办发〔2014〕31 号）中提出，要建立露营地相关建设标准，完善各项政策及措施。同年，国务院总理李克强在国务院常务会议上，提出要促进旅游方面消费，特别是加强各类营地的建设与发展。2015 年，国务院印发了《国务院办公厅关于进一步促进旅游投资和消费的若干意见》（国办发〔2015〕62号），再次提出了要加快营地项目的建设。结合现状，在国家乡村振兴战略背景下，发展特色乡村富民产业，壮大乡村旅游、民宿经济等特色产业的浪潮在全国各地全面掀起。营地旅游是乡村旅游的一种新旅游业态，对乡村振兴和乡村旅游有直接的促进作用，借助政策的东风，营地旅游发展得到提速。但是，结合近几年乡村营地的建设经验和相关文献的研究发现，目前我国乡村营地建设还存在诸多的不足。

1. 缺乏系统化理论指导

在实际营地建设实践上，特别是在乡村营地建设的方向、模式相关研究上还处在起步阶段，很多实际工作在理论上缺乏科学指导依据，缺乏建设标准[7]。目前，国内营地研究多为借鉴国外先进经验所做的总结与转化，缺乏本土化实践指导。国内营地建设标准完善度相对不高，现规范内容涉及面较窄，多以针对使用者的需求为主，生态保护及可持续发展方面提及较少且较为笼统。而在地方法规层面，我国营地建设存在政策规范不完善和运营管理不规范等问题[8]。

2. 缺乏全局考虑

在乡村振兴战略背景下，乡村露营地发展应做好整体规划[9]，充分考虑营地建设与乡村振兴战略布局结合，但现阶段大多数乡村营地建设仍较为粗放，全局考虑不足。在具体的思考上，营地旅游作为乡村旅游的新业态，须关注两者的协同发展，国内的露营可以沿"乡村旅游+露营"方向去发展[10]。结合乡村旅游的需求，营地的营建在规划上要针对可行性与科学性考虑周全，并在此基础上考虑其布局、选址、规模和建筑风格等，充分利用乡村旅游区的特色自然资源和人文资源[11]。

3. 缺乏可持续发展方案

3000年来，我国的不可持续增长使资源和环境方面的欠账积重难返[12]。由于环境保护方面的考虑不足或不全面，乡村营地发展也面临着同样的挑战。

这个问题在许多营地营建相关文献中被多次提及。现阶段，我国部分营地的营建存在着不重视环境保护的问题[8]。营地的营建方案应将保护环境与营地建设结合起来[13]，实现环境生态化和可持续发展[7]。乡村营地的可持续发展与乡村旅游的可持续发展息息相关，而乡村旅游可持续发展的核心是乡村的可持续发展[14]，它们彼此相互关联又错综复杂，需要系统性的解决方案。

可持续发展（图 3-1-2）是全球关注的重要理念，其核心指导思想是发展要与保护环境相结合。而我国提出的生态文明建设是可持续发展理念影响下形成的一个重要方针，目的是实现人与自然和谐共生。下文以广东清远英德市璞营地营建项目为例，讨论在生态文明建设指导下，作为乡村振兴建设的一种新兴业态，乡村营地营建如何实现在资源与生态、社会、文化和经济角度的可持续发展。

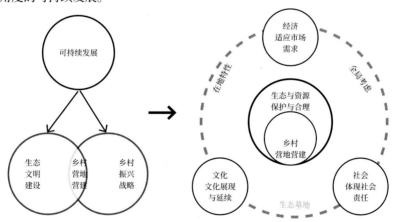

图 3-1-2 可持续发展理念下乡村营地营建研究小结

二、广东清远英德市璞营地营建

（一）项目基本情况

2021 年 10 月 18 日，国际风景园林师联合会（IFLA）公布了 2021 年亚太地区景观设计奖（IFLAASIA-PACLAAWARDS2021）获奖名单。广东清远英德市璞营地获建成类文化和城市景观优秀奖。璞营地的营建过程很好地体现了可持续发展的理念，实现了生态、文化与经济的综合协调。

璞营地（图 3-1-3~ 图 3-1-4）位于广东清远英德市西南部黄花镇，有着丰富的生态和地理资源。首先，项目选址位于黄花镇西北端公正村委观音谷路口旁，属黄花峰林门户，有着"南天第一峰林风光"之称的英西峰林走廊贯穿全镇；其次，它毗邻观音谷景区，周边路网丰富，是徒步爱好者行进线路的必经之地；再次，营地占地达 8000m²，可容纳 80~100 人，其交通便利，至黄花镇中心约 6min 车程，周边医院和餐饮配套齐全。

营地建设的目标是提供特色过夜型旅游住宿产品。首期包括住宿区、活动区、岩壁观景山径、后勤服务区和住宿区。空间帐篷客房的布置方式为院落式，25 顶帐篷紧靠峰林，环绕布置，内侧通过主环路相连接，帐篷环绕的中部空间划分出亲子乐园与篝火草坪，满足住宿、社交、娱乐和餐饮等多种功能。第二、第三期增设户外主题活动、研学课堂、创新建筑、迷你农场、竹林花海、生态艺廊、运动拓展、儿童无动力游乐、房车住宿、活动帐区、有机餐厅、星空诗会、乡村音乐节庆和国际教育交流等功能。如此综合类的建设项目，需要从生态、文化、经济等全方位布局并全面体现可持续发展理念。

图 3-1-3 璞营地规划布局图　　　　　　　　　　图 3-1-4 璞营地鸟瞰图

（二）可持续发展理念下的营建策略

1. 资源与生态策略

璞营地的设计建造并没有相关的、具体化的理论和政策指导[7]，因而需要项目人员大胆创新，实现"人与自然和谐共生"[5]。在打造业态的同时，应以尊重原场地为基础，控制自然资源的运用及进行有效保护。通过减少场地，降低对现有动植物生存环境的干扰，避免影响地下水等手段，尽可能地减少资源消耗, 维持区域小气候不变, 确保原有生态系统正常运转, 具体策略如下。

（1）营地整体布局充分利用了原场地的地形地貌, 无论帐篷客房的布置还是观光栈道的兴建, 均紧密依托原场地的地形地貌。

（2）各帐篷客房的设计采用了架空台地的方式, 进一步降低了建设对场地的干扰, 为动植物预留了生存空间, 也提升了帐篷客房的舒适性, 规避了水浸和潮湿等问题。

（3）借鉴海绵城市设计理念, 所有园路、停车场地及活动平台均采用黑色散置砾石地面, 降低了施工对场地的影响, 且不影响原场地的滞留功能(图3-1-5)及雨水渗透, 同时为游客提供自然生态的体验。在营地帐篷客房主环道周边, 以旱溪的形式设计了雨水花园（图3-1-6）, 进一步提升了场地雨水滞留能力。这一设计不仅有效缓解了雨季积水问题, 还成为了场地的重要标志景观

（4）建设污水无害化处理设施。营地经营过程中产生的所有污水, 均通过污水处理设备处理后, 方可排放至城市管道, 以降低人类生活污水对生态的影响。

上述各项设计策略的共同目标是使改造后的场地能够自然和谐地融入周围环境(图3-1-7), 最大限度地减少资源投入与占用, 降低对生态环境的影响。在实现人类发展目标的同时, 寻找一种理想的生态系统以支撑生态的安全性与完整性, 实现资源与生态的可持续发展。

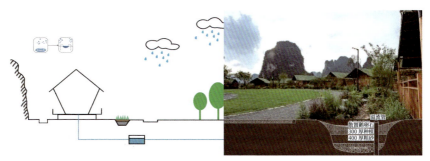

图 3-1-5 璞营地雨污处理示意图　　　　　图 3-1-6 璞营地雨水花园示意图

图 3-1-7 璞营地实景图

2. 文化策略

从文化建设的角度分析，璞营地在设计上和任弼政等[11]倡导的思路一致，注重乡村文化保护及保留，以其在地性为基础实现营地的特色营造，并在一定程度上体现其地域文化的传承及科教价值。营地因地制宜地选取质朴自然的设计手法，保留了地域的风貌和韵味；增加了地域文化植入，各帐篷客房和院落命名均与当地文化相关；基本采用当地天然材料，增强游客亲近自然、探索自然的体验感及地域体验感；大量采用当地传统工艺建设，降低成本的同时体现其在地性；不乱砍乱伐，保留场地原有的有益植物，新栽种植物以当地乡土植物品种为主，且沿用野趣的植物栽种方式。

3. 社会策略

在全局考虑[9]下推动规划设计是适用于黄花镇的建设方案之一。项目在建设过程中，通过对资源、社会和经济等多方面分析，为项目制定明确的定位目标，确保其与地区整体发展规划及建设方向相匹配，共融共生。作为一种运营良好的基础设施，完善当地乡村旅游的配套服务，提升乡村旅游的娱乐性和可玩性，并增加当地居民的就业机会，甚至应以适应国际市场为目标，致力于开发高质量的乡村旅游产品，带动和引导国内市场需求向更高层次发展[15]。因此，在整个环节中，当地政府和民众的支持与配合十分重要，项目组需要处理好各方关系，通过广泛普及可持续发展理念，在强调原则和底线的基础上尽量寻找中间路线，顾及多方利益，降低阻力，以确保营地实现可持续发展。

4. 经济策略

项目注重经营上的特色营造（图 3-1-8~ 图 3-1-9)，以经营思想为核心，提升项目市场竞争力，努力摆脱露营地建设滞后于市场需求的局面[16]，确保经济可持续的实现，具体应从以下几个方面打磨市场竞争力。

（1）突出生态优势：能听到昆虫和鸟类鸣叫，能看到星星和月亮，项目为游客提供最接近自然的户外体验。

（2）提升舒适度：将项目打造为"主题公园式"田园综合体，设立野性豪华帐篷客房，并提供与城市同类酒店相当的优质设备。

（3）提升服务：提供齐全的配套服务，设有 24 小时自助服务系统，方便游客活动及出行。

（4）提供多功能体验：复合空间设计理念加持，基于生态资源赋能，打造科普教育、自然教室、科研旅行和派对沙龙等多功能营地。

（5）提升趣味性：内部活动空间中可发掘无限的可能性，如野餐、游戏、篝火、玩沙、蹦床、放风筝、看萤火虫和园艺等。

图 3-1-8 璞营地乡村中国设计工作坊活动摄　　　　　图 3-1-9 璞营地户外狂欢节活动

同时，项目建设成本控制策略及手段清晰有效，降低了经营风险，确保了项目在经济上的可持续发展。通过在建设过程中对场地的精细勘测及针对性设计，确保项目建造过程无大拆大建，无大挖方填方。通过微开发的方式进行项目整体建设，在保证投资可控的同时，实现对生态环境的最大的保护。模块化的建造部件，便于建造、维修和改造，最大限度的提升了利用率和便利性。

事实证明，以上成本控制与运营策略是成功的。营地于2019年营业，当年7—12月的平均入住率为68%，最高为95%，并在3年内收回了投资成本回收。对照《2021年中国露营地行业研究报告》，2018年前后，国内营地投资平均回报率为4%，优秀营地最快也要3~5年才能实现投入产出平衡，因此该营地的经营十分成功。

5. 策略小结

可持续发展的目标是处理好人与自然、人与人之间的关系，在保证发展的前提下，确保环境承载能力既满足当代人的需求，又不损害后代人满足其自身需求。所以，对于营地营建策略，基于有效经济实践上的可持续发展策略方有意义和价值，而社会和文化的可持续发展是实现整体可持续发展的重要支撑。

基于可持续发展理念的乡村营地营建策略，我们应以生态、资源保护思想为核心，以乡村振兴战略思想为基础，通过合理的经营布局，针对文化和社会等方面进行策划、规划、设计、建设落实，实现人与自然和谐共生及乡村富民产业的建设与发展。

三、总结与展望

本文以广东清远英德市璞营地营建项目（图3-1-10）为案例，探讨营地建设如何实现在资源与生态、社会、文化和经济等方面的整体可持续发展。综合项目的实践过程，可持续发展理念下的乡村营地营建实施策略。

（1）保护生态环境为先。璞营地项目营建的成功得益于始终坚持最大限度地保护原有的生态环境。

（2）全局考虑。全局考虑是可持续发展理念的有力保障。璞营地项目在保护生态环境的基础上，力求全力保护地域文化，融入地区发展规划，创造就业岗位，降低项目的运营与建设成本，努力做到全面发展。

（3）因地制宜。营地项目建设应该根据可持续要求对项目进行系统布局，特别是在缺乏相对清晰的本土化与标准化的理论和政策指导方案的大环境下做到因地制宜。关注项目可持续发展的目标、方式、方法的弹性及韧性，使各方均具备一定的抗干扰能力和自我修复的能力。

以上策略是通过璞营地项目建设总结的几点经验，希望越来越多具备可持续发展理念的项目建成并投入社会，为国家生态文明建设及乡村振兴战略落地添砖加瓦，通过实践使可持续发展理念持续进化和完善，促进社会发展和进步。

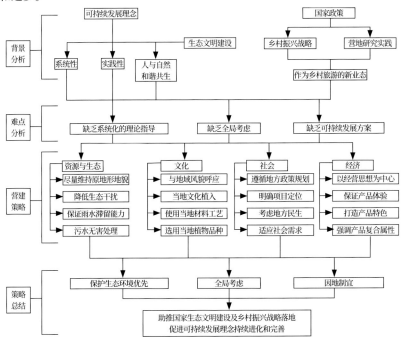

图 3-1-10 可持续发展理念下的乡村营地营建实施策略

参考文献

[1] 张志强，孙成权，程国栋，等．可持续发展研究：进展与趋向 [J].地球科学进展，1999（06）：589-595.

[2] 罗慧，霍有光，胡彦华，等．可持续发展理论综述 [J].西北农林科技大学学报（社会科学版），2004（01）：35-38.

[3] 牛文元．可持续发展理论的内涵认知：纪念联合国里约环发大会 20 周年 [J].中国人口·资源与环境，2012，22（05）：9-14.

[4] 张晓玲．可持续发展理论：概念演变、维度与展望 [J].中国科学院院刊，2018，33（01）：10-19.

[5] 李周．深入理解乡村振兴战略的总要求 [Z/OL].（2018-02-05）.https://baijiahao.baidu.com/s?id=1591523861188556996&wfr=spider&for=pc.

[6] 高林安，李蓓，刘继生，等．欧美国家露营旅游发展及其对中国的启示 [J].人文地理，2011，26（05）：24-28.

[7] 胡卫华，吴楚材．中国野营旅游的可持续发展对策 [J].资源与产业，2010，12（03）：118-122.

[8] 张鸿睿．风景名胜区中露营地的规划设计研究 [D].南京林业大学，2017.

[9] 张海．乡村振兴战略下乡村露营地发展模式与路径分析 [J].南方论刊，2020（08）：23-25.

[10] 谭玉梅．中国汽车露营发展的方向及策略研究：以美国汽车露营发展为参照 [J].新视野，2014（03）：95-99.

[11] 任弼政，钟俊．丽江太安乡村旅游景区野营地规划方案探讨 [J].绿色科技，2011（12）：193-196.

[12] 张兰生．可持续发展与中国国情 [J].北京师范大学学报（社会科学版），1997（02）：20-26.

[13] 高林安，李蓓，刘继生，等．欧美国家露营旅游发展及其对中国的启示 [J].人文地理，2011，26（05）：24-28.

[14] 尤海涛．基于城乡统筹视角的乡村旅游可持续发展研究 [D].青岛大学，2015.

[15] 王兵．从中外乡村旅游的现状对比看我国乡村旅游的未来 [J].旅游学刊，1999（02）：38-42，79.

[16] 北京绿维创景设计院．中国露营地产业发展现状 [J].中国房地产，2016（14）：59-62.

乡村振兴背景下的农业产业园可持续更新设计策略研究

——以广州花都宝桑园为例

十九大报告中强调"三农"问题是关系国计民生的根本性问题，首次提出实施乡村振兴战略[1]，而乡村振兴的根本是产业振兴，产业振兴是实现农民增收、农业发展及农村繁荣的基础，也是实现农村美、农业强、农民富的强劲依托[2]。产业振兴的关键在于第一、第二、第三产业的融合发展，通过产业的融合实现技术、资源和市场需求等要素的整合与重组，以实现发展方式升级和产业空间布局优化[3]。农业产业园作为农业产业结构的优化支点之一，是推动农业高质量发展、促进区域融合发展及加快"三产"深度融合的重要载体，是新时代下乡村产业振兴的重要抓手[4]，其建设和发展也日渐得到国家的重视。

自2017年现代农业产业园建设相关工作全面启动以来，各地区行动迅速，各类市场主体积极响应，截至目前，我国现代农业产业园的建设取得了极大的进展，特别是在引领和带动地区农业转型和升级方面发挥了重要作用，展现出了广阔的前景[5]。但在此过程中，一些发展上的问题也逐步暴露出来。一些农业产业园虽然有着良好的场地资源和文化内涵，但是由于早期的建设缺乏对产业、空间及文化的可持续发展规划，导致其在发展过程中，产业的融合度明显不足，产品同质化严重，空间与实际需求不匹配，生态环境遭到破坏，原有的文化痕迹也日渐淡化，无法很好地对区域经济发展起到带动作用[6]。

在乡村振兴背景下，重新激发这类农业产业园的活力，加快农业产业的结构调整，加强园区产业的带动能力，实现园区的可持续发展，具有非常重要的研究意义。本文通过对广州花都宝桑园（图3-2-1）的更新与改造方法进行解读，以期为其他地区的农业产业园区建设提供参考。

一、可持续设计

（一）可持续设计概念

可持续发展是人类社会发展的必然趋势，自此概念提出至今，其已逐渐发展完善并被运用到各领域的社会实践中。可持续发展是一个复杂的系统，它以人为核心，由生态、社会和经济三大子系统构成，其在设计领域是一种兼顾了使用者需求、环境效益、社会效益和经济效益的创新性策略[7]。可持续设计源自可持续发展，是为实现可持续发展的目标而衍生出的理念，是寻求创新的解决方案与建构价值的设计实践。在不断演进过程中，可持续设计吸纳了数十年来在生态环境、社会发展、产业模式和设计创新等领域的研究成果，逐渐形成了多元、丰富的理论体系与方法策略[8]。

在过去 40 年间，可持续设计理论的演变过程可以分为生态创新、可持续创新及系统创新 3 个阶段。其设计的宗旨也从考虑经济与环境因素的平衡，发展成使环境、社会和经济等多维因素相兼容；其设计的焦点从优化单一的物质产品转为改革复杂的社会系统，这是一个多维度融合及多价值交叠的发展演变[9]。当代可持续设计理念期望通过设计环节，为项目和产品提供具有针对性的系统解决方案，以实现可持续发展的目标。

（二）乡村振兴背景下的农业产业园的可持续更新设计

在乡村振兴背景下，农业产业园作为第一、第二和第三产业融合的重要载体，其发展对于区域的乡村振兴具有重要意义。现代农业产业园的基础是第一产业，首要目标是实现对农业生产结构的调整及优化，并实现高效农业的发展，由此引申出了一种产业形态的综合体[10]。

产业是产业园发展的根本，农业产业园的可持续发展必须从产业可持续的角度综合考虑，结合市场的实际需求，促进产业融合，充分挖掘农业文化、休闲、生态等方面的价值，推动农业的供应链、价值链、产业链的重构和升级[11]，继而实现产业园的可持续发展。但是在以往的改造实践中，改造方对可持续发展的理解大多还局限于绿色设计与生态设计等物质层面。这种改造缺乏对使用者需求、社会、经济等更深入层面的挖掘，以及对可持续发展理念的系统化思考。首先，忽视了产业对产业园设计的指导性作用；其次，缺乏在空间层面的可持续性考量，同时对乡土文化的挖掘不够深入。这导致大多数产业园更新往往只浮于表面，这样的改造并不能真正给农业产业园带来活力。本研究立足于乡村振兴背景，从可持续设计的宗旨出发，结合农业产业园更新设计中的产业构建、空间营造和乡土文化传承 3 个方面，对农业产业园的更新设计进行解析。

二、乡村振兴背景下的农业产业园的可持续更新设计策略

（一）产业构建

产业是农业产业园发展的根本，只有实现产业的可持续发展，产业园才能形成可持续的良性发展。所以，产业园的产业发展必须有明确的方向，其更新设计方案也要与产业发展方向及模式相匹配。而产业发展方向的确定需要建立在对市场需求的深刻理解上，这需要产业园管理者结合已有的运营经验，长期坚持探索和挖掘市场的需求，并将需求通过更新设计环节进行精准布局，以构建更健康和更具韧性的产业模式为目标，进而实现产业园的可持续发展。它不同于以形态和视觉美为目的的狭义、传统的终极型蓝图设计模式[12]，其强调以市场的需求为导向，通过产业深度融合与挖掘，为产业园的更新设计指明方向。这种设计方式尊重社会发展和经济发展的内在规律，对农业产业园的更新设计具有现实意义。

（二）空间营造

在空间营造策略上，其主要体现在生态环境保护和产业发展需求满足方面。首先，只有以尊重和保护生态环境为前提，使农业产业园的内部环境与外部环境形成一个共生和可持续发展的生态空间[13]，才能有效实现产业园在空间生态环境上的可持续。其次，空间作为产业链的具体功能延伸，需要承担多方面的功能需求，弹性的空间是产业园在空间功能方面发展的方向。总

体上，在进行空间设计时，既要保证园区内生态环境的良好运转，又要尽可能减少园区建设给生态环境带来的破坏，还要考虑空间功能的弹性与复合性，从而真正实现空间的可持续发展。

（三）乡土文化传承

乡土文化是乡村振兴及农业产业园可持续的内在动力[14]。可持续更新设计不是对场地空间的拆除与再造，也不是单纯的物质修补和整治，而是基于原有风貌的保护和历史文脉的传承，从文化和区位的视角，将场地中的新旧资源进行重新整合与再结构的过程[15]。这需要在对农业产业园进行更新设计时，注意提炼场地的乡土文化特质，以此来指引建筑、景观、室内和标识等专业对场地空间进行一体化的更新设计，保证场地的空间从结构到细节的完整性，形成别具一格的场地空间形式，传承与发展乡土文化。还可以引入具有创意活力的活动来活化空间网络，提升农业产业园，乃至区域面向未来的整合力和竞争力，进而推进场地空间的乡土文化振兴和可持续发展。

三、广州花都宝桑园更新设计实践

广州花都宝桑园（图 3-2-2~ 图 3-2-5）位于广州市花都区赤坭镇缠岗村山前大道旁，其周边 150km² 范围内可覆盖粤港澳大湾区主要城市群，是广东省农业科学院蚕业与农产品加工研究所下属的科研试验示范基地和科技成果转化平台，是一所以蚕桑文化为核心，集现代农业和生态农业于一体，以休闲观光和科普教育为主的农业产业园。

作为国内最早一批产业融合的探索者，宝桑园未能跟随时代的变化实现可持续发展，这是因为其在发展的过程中缺乏可持续理念的指导，且受限于传统的农业产业，未能充分挖掘农业的生态价值和旅游价值等，其运营和管理理念已无法满足时代发展的需要，导致农业生产功能拓展不足[5]，产业融合度也较低，陷入逐渐衰退的困境。作为典型的传统农业产业园，广州花都宝桑园的更新改造通过可持续更新设计策略，实现了农业产业园的可持续发展，其更新与改造对同类产业园的更新设计与乡村振兴战略的实施具有重要借鉴意义。

图 3-2-2 宝桑园休闲绿地

图 3-2-3 宝桑园营地活动

图 3-2-4 宝桑园移动餐吧　　　　　　　图 3-2-5 宝桑园大棚改造

（一）构建可持续的产业发展模式

1. 运营前置，推进"三产"融合

产业是产业园发展的根本，构建更健康和更具韧性的产业模式是宝桑园更新的重要目标之一。宝桑园以自下而上的"运营前置，营销先行"的逻辑为导向，首先对场地内的产业与周边产业现状进行深入调查，以农产品、科研和品牌为核心优势，根据客群需求进行运营产品的系统性开发，并对原有的产业链进行梳理与优化；其次依托省农业科学院蚕业与农产品加工研究所的技术力量，进一步完善桑蚕产品加工及产品打造，重构桑蚕产品销售、研学教育、农耕农事体验活动等一系列服务业网络。同时形成品质卖场，打造优质科普研学基地和住宿露营地等，以此作为基础设施完善和更新设计的目标。该模式通过促进宝桑园的三产融合（图 3-2-6），进一步提升宝桑园农业和产业附加值，延伸农业产业链和价值链，实现可持续运营目标。

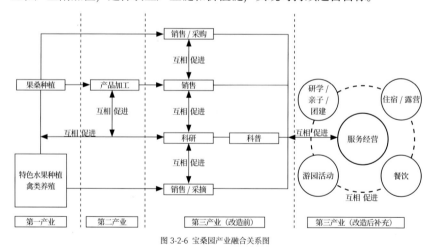

图 3-2-6 宝桑园产业融合关系图

2. 采用专业融合设计，实现产业需求

为了完善宝桑园的基础设施和实现更新设计目标，其功能和空间需要建立在产业与运营的需求之上，复杂多维的需求已无法从单学科的角度得到解决，这导致更新设计工作需要多学科角度的共同参与。设计者需要不停地在投资者、设计者、运营者和游客之间切换，以解决设计中遇到的问题。同时，

又需要从景观、建筑、室内和施工等专业角度出发，以解决落地问题。设计工程一体化 (EPC) 的设计模式则是这种突破专业领域边界的重要支撑。宝桑园通过 EPC 的统筹，把前期的策划、规划定位、建筑设计、景观设计、室内、标识、玩法等进行整合，很好地解决了单专业设计的闭环问题。同时，通过全程参与的优势，快速解决了许多因设计条件不清晰产生的新问题，为设计目标的实现节约了时间成本。同时也使改造后的功能及空间能最大化地贴合产业发展的需求，还降低了建设成本，有利于产业园的可持续发展。

（二）营造可持续发展的空间

1. 重视生态基底

宝桑园的更新设计在空间方面以尊重和保护自然生态为基础，首先通过合理布局，降低建设过程的生态干扰；其次以节能减排的手段，控制资源消耗，降低对生态系统的压力，令改造后的场地可以很好地融入周边生态（图 3-2-7~图 3-2-8），提升场所价值。

图 3-2-7 宝桑园生态措施建设平面示意图

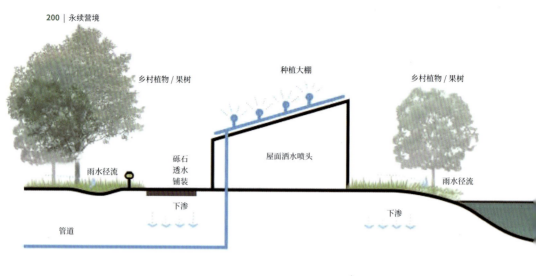

图 3-2-8 宝桑园生态措施建设剖面示意图

其具体策略如下。

（1）合理规划，确保建设过程不对现有的种植园区产生影响。

（2）充分利用原地形地貌进行布局设计，控制建设土方工程量。

（3）嵌入海绵城市设计理念，实现调蓄湖和下沉绿地等功能，且部分次要园路采用散置砾石地面的做法，这样既不影响原场地的雨水渗透及滞留能力，又维持了原有的自然生态。

（4）使用绿色建材，尽可能地减弱对生态环境的影响。

（5）新栽种植物以当地乡土植物品种为主。

（6）园区各多功能建筑均采用屋面喷淋降温的方式，降低约 30% 的空调电力消耗；酒店区采用空气能热水器，降低约 60% 的电力消耗；采用太阳能草坪灯，保证夜晚功能照明的同时，节约电量和线路铺设成本。

（7）建设污水无害化处理设施。功能设施及建筑的污水均通过污水设备处理后，方可排放至城市管网，降低了生活和生产污废水对生态环境的影响。

以上多方面策略的共同目的是在满足产业园发展目标的同时，确保场地空间生态系统的正常运作，达到生态可持续的目标。

2. 轻介入微改造

为了降低建设对宝桑园原有生态环境与风貌的破坏，轻介入微改造是适

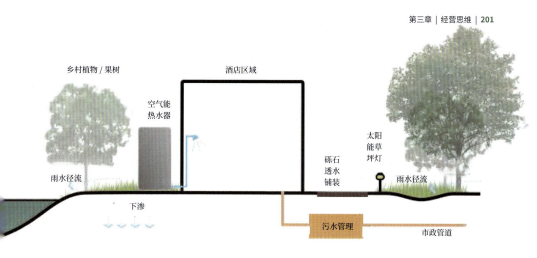

合其更新改造的方式（图 3-2-9~ 图 3-2-12）。长期以来，宝桑园已经过多次改造，但由于缺乏可持续发展的思考，这种改造大多局限于功能的简单堆叠，这使得场地内的布局十分杂乱，整体风貌无序且与其原有的风貌相差甚远。如在早期为满足农业开发生产需要而建设的厂棚，其结构和样式粗糙，后期又因文旅开发的需求，在墙上粉刷了各色涂料，导致园区风貌混乱。因此，在空间的更新改造设计上，要充分挖掘空间原有构筑的价值，在原有结构的基础上进行轻量的改造和装饰，通过轻介入微改造的更新方式最大限度地统一园区风貌。这些策略在保证园区功能需求的同时，降低了对生态环境的影响。

图 3-2-9 改造前的游客中心

图 3-2-10 改造前的美食广场

图 3-2-11 改造后的游客中心

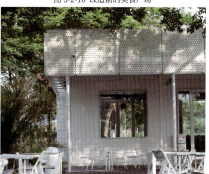

图 3-2-12 改造后的美食广场

3. 弹性空间理念

由于场地内的建筑空间有限，因此对空间进行更新设计时，需要将功能进行复合考量。这就需要在设计上考虑空间功能的弹性，让空间可以根据实际需求进行切换。例如改造的种植大棚人多时可以转化为市集、餐厅，也可以转化为自然的学堂；人少时又可以转化为小型展厅或者休息空间（图 3-2-13~ 图 3-2-14）。通过在里面设计插件式的功能盒子，让它在不同状态下通过功能切换形成不同功能。在规划与景观范畴进行更新设计时，也应注意户外弹性空间的设计，比如中央大草坪空间，既可作为承载各类户外活动和功能的空间场所，又可用于观赏。这种弹性空间设计既能适应现状需求，也能承载更多的可能性，有利于人与社会需求变化环境下的可持续发展的实现。

图 3-2-13 作为休息空间时的种植大棚　　　　　图 3-2-14 作为餐厅空间时的种植大棚

（三）传承与发展乡土文化

宝桑园的更新设计基于对原有风貌保护和历史文脉的传承，将场地中的风貌印记、文化与历史印记等与现实需求进行重新整合与再结构，从而增大产业的附加值，推动产业园可持续发展目标的实现。其具体的策略如下。

（1）宝桑园文化核心在于蚕桑文化的传递，围绕蚕桑文化对项目进行设计，并将之融入色彩运用、雕塑设计和标识设计等方面。（图 3-2-15~ 图 3-2-16）

（2）采取文化活动植入的方式传递蚕桑文化，如举办蚕茧缫丝、蚕茧 DIY 和古法扎染等活动。（图 3-2-17~ 图 3-2-18）

（3）维护园区良好的自然环境特征，使用能更好地与周边环境相融合的白色或者半透明的材料，把建筑消隐在优美的自然环境里，使之变成环境的一部分。尽量采用当地自然材料建造，增强游客亲近自然和探索自然的体验感。

以上策略使宝桑园形成了别具一格的场地空间形式，提升了其面向未来的整合力和竞争力，推进了场地空间的乡土文化的振兴和可持续发展。

图 3-2-15 以桑蚕为主题的标识及色系

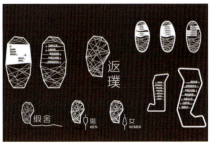

图 3-2-16 桑蚕主题标识设计图

图 3-2-17 蚕宝宝喂养活动

图 3-2-18 蚕茧缫丝活动

（四）小结

综上所述，宝桑园农业产业园的更新设计是以可持续发展理念为核心，在产业、空间及文化等方面实施的可持续设计。通过运营前置的策略，促进"三产"融合，并通过专业融合设计模式实现产品精准快速落地。

项目设计以生态基底为原则、以复合空间理念为指导、以轻介入方式改造，同时强调乡土文化的传承与发展，依托市场与产业的实际需求，成功完成了老旧基础设施的更新设计和建设。事实证明，项目的更新改造是成功的。

其不仅通过产业联动带动了当地产业的发展，还对乡土的自然环境进行了优化提升，成为乡村振兴示范标杆，并于 2021 年被评选为国家 3A 级旅游景区。在园区运营的表现上，园区未整改前主要营收以门票收入为主，升级改造后实现了整体营收同比增长 500%，入园人次同比增长 200%。改造后打造的新的业态——研学、住宿餐饮和文化类消费逐步成为新的收入增长点，系统实现了项目可持续发展的目标。

四、总结

实施乡村振兴战略对农业产业园的发展既是宝贵的机遇，又是必须面对的挑战。本文从可持续发展理念出发，从产业、空间及文化 3 个方面对乡村振兴背景下的农业产业园的可持续更新设计策略（图 3-2-19）进行了探索，并选取广州花都宝桑园的案例，重点探究农业产业园可持续更新的核心问题，并总结以下更新设计策略。

（1）构建可持续的产业发展模式，以后端运营前置的逻辑，结合跨学科及专业融合的设计方法，依托于产业的特点与需求，对场地进行自下而上的有机更新，从而构建可持续的产业发展模式。

（2）营造可持续发展的空间，通过合理的设计布局，降低建设过程中的生态干扰，并以节能减排的方式控制资源消耗，降低对生态系统的压力；充分挖掘空间的原有价值，以轻介入微改造和弹性空间的设计理念，在实现对生态环境最大限度保护的同时，确保空间的设计更贴近实际需要，也令空间具备一定的弹性韧性，既能适应现状需求，也能承载更多的可能性。

（3）传承与发展乡土文化，基于原有风貌保护和传承历史文脉，将场地中的风貌印记、历史和文化印记与现实需求进行重新整合，增大产业的附加值，推动场地可持续发展目标的实现。

以上可持续设计策略是在广州花都宝桑园更新设计的基础上总结的几点经验，笔者希望其理论与方法策略可以被应用到同类农业产业园的更新改造中，从而实现社会效益、经济效益和生态效益的共赢，为乡村振兴战略落地添砖加瓦，使可持续发展理念得以持续推广、进化和完善，促进社会发展和进步。

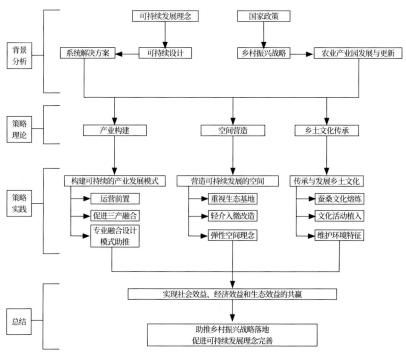

图 3-2-19 宝桑园更新设计策略

参考文献

[1] 陆林，任以胜，朱道才，等.乡村旅游引导乡村振兴的研究框架与展望 [J].地理研究，2019,38(01):102-118.

[2] 刘雷，宋吉贤，赖齐贤.乡村振兴背景下农业产业规划方法浅析 [J].浙江农业科学，2020,61(02):378-383.

[3] 张利庠，罗千峰，王艺诺.乡村产业振兴实施路径研究：以山东益客现代农业产业园为例 [J].教学与研究，2019(01):42-50.

[4] 肖琴，罗其友.国家现代农业产业园建设现状、问题与对策 [J].农业工程技术，2020,40(12):27-31.

[5] 王文，吕军，杨晓文，等.现代农业产业园建设模式与关键技术研究 [J].中国农机化学报，2020,41(12):210-216.

[6] 蒋黎，蒋和平，蒋辉."十四五"时期推动国家现代农业产业园发展的新思路与新举措 [J].改革，2021(12):106-115.

[7] 吴一凡，倪丹菲.可持续性视野下城市公共设施更新设计探索 [J].建筑与文化，2022(03):105-107.

[8] 刘新，维伦纳.基于可持续性的系统设计研究 [J].装饰，2021(12):25-33.

[9] 于东玖，王样.可持续设计理论发展 40 年：从生态创新到系统创新 [J].生态经济，2021,37(08):221-229.

[10] 袁光.石家庄市现代农业产业园发展研究 [D].广西大学，2018.

[11] 黄飚.现代农业产业园区发展研究 [J].科学大众(科学教育),2018(12):190.

[12] 吕斌，王春.历史街区可持续再生城市设计绩效的社会评估：北京南锣鼓巷地区开放式城市设计实践 [J].城市规划，2013,37(03):31-38.

[13] 俞孔坚，李迪华，吉庆萍.景观与城市的生态设计：概念与原理 [J].中国园林，2001,17(06):3-10.

[14] 索晓霞.乡村振兴战略下的乡土文化价值再认识 [J].贵州社会科学，2018(01):4-10.

[15] 赵文武，房学宁.景观可持续性与景观可持续性科学 [J].生态学报，2014,34(10):2453-2459.

从田园到商旅

——马岭喜花里乡村振兴的成功经营案例

图 3-3-1 马玲喜花里项目鸟瞰图

　　在乡村振兴战略全面推进的时代背景下，乡村空间正从传统农业生产地向生态涵养、休闲观光与文化体验的多元功能场域转变。广州花都区马岭喜花里项目（图 3-3-1）作为这一转型的典范，通过"运营前置、全域统筹"的创新理念，巧妙解决了城乡结合部发展困境。该项目以"花"为核心 IP，整合乡村夜间经济、皮革产业与近郊休闲旅游，构建起"农旅商"复合型产业体系。通过精准定位城乡边界的特殊价值，项目采用"微改造"手法和"插件式"设计，打造了一个兼具传统风貌与现代活力的乡村文旅空间。多元业态组合不仅盘活了存量资源，更形成了可复制、可推广的"花都模式"。

一、乡村振兴战略背景

依据《广东省推进农业农村现代化"十四五"规划》相关专项规划[1]，乡村已不再仅限于传统农业生产，还承担着生态涵养、休闲观光和文化体验等多元化功能。乡村休闲产业跨越第一、第二和第三产业，整合生产、生活和生态资源，构建城乡一体的多元产业生态系统，以挖掘生态价值并培育特色文化产品[2]。

二、马岭喜花里：乡村振兴示范带样本

本项目位于广州市花都区"马岭联星"精品村片区，该区隶属于花都区特色农业产业集聚区。其景观设计规模为13.64km²，于2023年4月竣工。

该项目致力于打造花都区国家级全域乡村振兴示范区的核心旅游基地。以"花"为核心主题IP的喜花里项目（图3-3-2），整合"乡村夜间经济、狮岭镇皮革产业、近郊休闲旅游"三大功能定位，并融合民宿群落、灯光夜市等多元业态。通过创新旅游产品设计，构建集农业、旅游、商业于一体的活力时尚消费目的地[3]。依托全链条服务模式和整体统筹策略，从策划、规划、设计、建设、招商、运营、品牌营销等专业维度进行全面协同[4]，最终将马

图例
1. 马岭村入口
2. 喜花里活力休闲巷
3. 璞宿·花见
4. 稻田里
5. 白玉兰基地
6. 玉兰台
7. 杜鹃台
8. 风铃台
9. 禾雀台
10. 桃花台
11. 荔枝坞
12. 桃花坞
13. 教育交通基地
14. 停车场

图 3-3-2 广州花都马岭喜花里农商旅综合体项目总平面

岭片区塑造为以活力、现代、休闲和艺术为核心的全域旅游城郊微度假胜地。

三、马岭喜花里项目规划设计：融合创新与实践探索

（一）设计思路与核心策略

本项目地位于广州市花都区马岭村，是一个典型的"城边村"。它处于城乡之间的过渡地带，是城乡高度融合的村落，拥有丰富的花木资源，形成了区域特色优势。

项目立足城乡结合部的区位特征，深入剖析区域发展痛点。面对乡村文化底蕴匮乏、风貌单一的现实困境，项目从城乡界面、功能植入和产业联动3个维度构建系统性发展策略。设计团队以"运营前置、功能引入、风格协调、现代简约"为核心原则，精心规划马岭村转型路径。

该项目在尊重现有产业业态的基础上，着力引入轻量化、沉浸式的创新旅游体验场景。通过"面—线—点"的空间系统性构建方法盘活乡村空间，推动存量建筑的有机更新和场域价值的全面提升[5]。然而，其在实施过程中也面临着诸多挑战。

（二）项目难点与应对措施

1. 多方协调与实施管理

项目安排驻场设计协调员，专门负责跟进现场事宜，确保政府、业主、村民与施工方之间的有效沟通。设计团队秉持共赢理念，深入了解各方诉求，在多方利益制约下，通过灵活协调机制确保景观设计方案的落地实施。

2. 文化挖掘与特色塑造

马岭村虽然是典型的中国农村，但缺乏鲜明的文化特色。该村拥有丰富的花木产业，因此设计师提炼"花"元素作为核心文化IP，通过系统化的场景营造和空间重塑构建场地的文化景观系统，以重塑地方文化认同感[6]。

3. 设计原则与方案落地

为实现当地现状、设计目标与创新要素的融合，设计过程遵循低成本、易理解和易操作的 3 项核心原则。避免大规模拆改，采取"微改造"理念，以提高方案的普适性和可行性。同时，设计风格力求简洁明了，便于村民理解接纳，也确保了实际操作简单易行。

4. 业态创新与差异发展

基于"运营前置"的理念，该项目创新性地引入了多元化业态，构建了全方位体验场景。依托"食、住、游、购、娱"五大功能板块，整合民宿、书吧、咖啡馆、主题餐厅、户外剧场和文创集市等业态，打造充满活力与特色的乡村休闲空间[7]。正是这种多元业态的融合，使得马岭喜花里项目能够脱颖而出。

（三）创新点与特色：运营前置，全域统筹

1. 策划运营

项目整合引入了主题餐厅、设计师民宿和车尾箱市集等多元业态，并策划了夜景灯光秀、篝火晚会和民谣歌会等沉浸式夜间文化活动。

基于当地花木产业优势，该项目开发了永生花制作和花艺 DIY 等特色体验课程，打造了互动性强的文创体验场景。这种多元业态组合不仅丰富了消费场景，延长了游客驻留时间，同时有效提升了项目的经济效益。

2. 建筑设计

"璞宿花见"生态精品民宿（图 3-3-3）以"花"为主题，巧妙融合马岭地域文化和自然元素，13 种浪漫花语主题客房营造出独特的住宿体验，体现了"轻设计、重生态"的设计理念。

同时，项目对农房进行风貌改造，提取当地皮革产业元素，采用大面积涂料立面结合重点部位插件式改造（图 3-3-4），在保持传统风貌的同时，提升了建筑整体的品质和协调性。

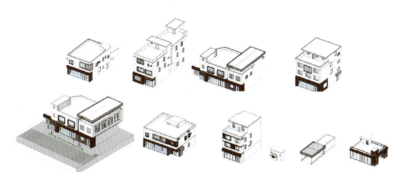

图 3-3-3 插件式改造：通过"微介入""新旧改"的方式使得建筑融合

图 3-3-4 马玲喜花里建筑实景图

3. 景观设计

景观设计以"云舞心动之旅"为主题,打造了一条5km长的白色蜿蜒云道。云道巧妙环绕稻田、市集和湖岸线,形成一个富有诗意的闭环步行系统(图3-3-5)。沿线设置了六大花卉主题打卡平台,每个观景台都呈现独特的主题景色,为游客提供了多样化的视觉和体验场景。

本项目以"马TATA的花花世界之旅"为品牌核心,将马岭独特的文化和历史底蕴融入景观设计之中。通过打造"马TATA"品牌IP形象,选用爱马仕橙与纯白为主题色调,构建统一的视觉识别系统(图3-3-6~图3-3-7)。在此基础上,结合各类业态,系统性布局互动装置与导视系统,强化空间体验与场所记忆,提升项目整体识别度。

图3-3-5 花漾廊道实景——一条纯白的花木主题观景廊道

四、城乡融合与发展模式

本项目立足城乡结合部区位优势,探索城乡融合发展新路径,通过文旅产业与农业的有机融合,构建"农旅商"复合型产业体系。方案整合了民宿群落和主题夜市等特色业态,打造了多元化体验场景,实现了产业升级与价值提升。这种创新发展模式不仅带动了区域经济增长,促进了农民增收,更为全国乡村振兴提供了可复制、可推广的"花都模式"。

为提升游客体验,项目基于"情境设计"理念,采用创新的插件式改造手法,构建沉浸式旅游场景,盘活了存量建筑资源。项目以花为主题,融入品牌IP元素,通过夜间光影设计打造互动花海和艺术投影墙等体验空间,营造出飞舞流动的光影氛围。本项目注重传统与现代的空间平衡,在保持乡村

图 3-3-6 多功能盒子设计图

图 3-3-7 多功能盒子落地图及品牌 IP 形象应用

风貌的同时，巧妙植入现代设计语言，打造出既富有美感又兼具实用性的乡村文旅空间。

五、结论

广州花都马岭喜花里农商旅综合体项目以其全域统筹的理念、多元业态的融合及创新性的设计和运营模式，成功探索出一条可持续发展的乡村振兴之路。项目既带动了区域经济增长和农民增收，又形成了可复制、可推广的"花都模式"。这一创新实践为中国乡村振兴战略提供了有益经验，展现了乡村发展的新活力，为全国城乡融合发展贡献了实践样本。

参考文献

[1] 广东省人民政府关于印发广东省推进农业农村现代化"十四五"规划的通知 [J]. 广东省人民政府公报 ,2021,(25):3.

[2] 林柳琳 , 吴兆春 . 乡村振兴战略背景下特大城市推进农村一二三产业融合发展路径研究——以广州市为例 [J]. 广东省社会主义学院学报 ,2019,(04):92-96.

[3] [卓利文 , 卓友庆 . 乡村振兴战略视角下旅游型传统村落夜游发展规划探索——以广东省江门市开平碉楼为例 [J]. 广西城镇建设 ,2021,(12):53-57.

[4] 黄平利 . 全域视角下的龙门旅游度假区总体规划探析 [J]. 规划师 ,2016,32(02):116-122.

[5] 巴扎地 , 孔洞一 . 城乡融合的营造实验——德国国际建筑展图林根州"未来城市 化乡村"项目 [J]. 国际城市规划 ,2020,35(05):53-60.

[6] 孙彦斐 , 唐晓岚 , 刘思源 . 乡村振兴背景下的乡村文化景观研究范式更新 [J]. 河海大学学报 (哲学社会科学版),2019,21(03):99-104+108.

[7] 赵华 , 于静 . 新常态下乡村旅游与文化创意产业融合发展研究 [J]. 经济问题 ,2015,(04):50-55.

乡村价值重构

—— 大野牧乡国际牧场的创新实践

图 3-4-1 大野牧乡鸟瞰图

在国家乡村振兴战略引领和全域旅游发展趋势下，乡村发展迎来了新的
机遇与价值重塑。怡境文旅以大野牧乡国际牧场项目（图 3-4-1）为示范，
通过整合农业、旅游和文化资源，构建了一种多维度的乡村价值重塑模式。
打造多元乡村体验，其成功的关键在于有效利用当地资源，并创造性地展现
其独特的自然和人文魅力。

一、项目概述

大野牧乡国际牧场位于广州市从化区鳌头镇，地处穗北生态屏障，占地面积约达 21km²，是国家财政部备案的国家级田园综合体——越秀风行国家级田园综合体的核心文旅产业业态主体，由越秀集团投建，越秀集团协同怡境文旅联合运营，形成"政府资源方＋国企投资方＋市场运营方"的乡村振兴新模式。

大野牧乡致力于成为粤港澳大湾区家庭休闲度假目的区域标杆，并引领中国南方"田园牧歌"式新休闲生活方式。作为广东唯一的国家级田园综合体[1]和华南地区最大的生态牧场，该项目将整合游乐、住宿、餐饮、研学和文创五大板块，提供三大功能分区、六大核心产品体系和 20 余种业态体验，树立国家级田园综合体样板，并成为乡村振兴的创新示范项目，以其独特的主题和丰富的业态，吸引了众多的家庭游客。

该项目一期（图 3-4-2）已建成牧鲜谷（乐园＋餐饮）和牧野郡（住宿），二期将增加牧风集（村落）板块，使其成为集主题乐园、产业研学、新型住宿、风味餐饮、创意市集、拓展团建、主题活动、IP 文创和大型 MR 游乐等多种业态体验于一体的粤港澳大湾区牧场综合体休闲度假目的地。

图 3-4-2 大野牧乡文旅一期总平

二、创新模式解析：四大价值重构路径

（一）产业融合创新

1. "文旅 + 产业"深度融合

该项目将以奶牛养殖为核心的第一产业和以鲜奶生产为核心的第二产业作为基础，深度融合文旅消费的第三产业[2]，构建起集主题乐园、产业研学、新型住宿、风味餐饮、创意市集、拓展团建、主题活动和 IP 文创等业态体验于一体的综合性牧场，打破传统产业界限，实现产业的协同发展和价值最大化[3]。

2. 三产融合协同发展

该项目通过"政府资源方 + 国企投资方 + 市场运营方"的合作模式，充分发挥各方优势，形成三产融合发展的新模式，实现资源共享、优势互补和协同发展，提高了产业的竞争力和可持续发展力。

（二）产品与服务创新

1. 打造特色 IP 与品牌

该项目以奶牛为原型，创建了以牛泡泡与奶沫沫为核心的 IP 体系，并将其系统性的融入旅游体验全过程。从奶牛养殖科普、鲜奶生产工艺展示，到主题餐饮体验、互动体验、自动化挤奶研学、特色美食和文创产品开发等多个环节，形成了完整的 IP 价值链，有效提升了品牌影响力与认知度，强化了游客的情感连接与品牌认同。

2. 体验式多元化产品

丰富多样的体验项目，如 5G 智慧奶牛厂参观、定制化研学课程、无动力游乐设施、动物互动项目、"牧场盛宴"特色餐饮、特色民宿和星级酒店住宿等，满足了不同人群的需求，将单一的牧场经营升级为多维的沉浸式乐园体验，提升了游客的参与感和满意度。

（三）运营与管理创新

1. 运营前置与全链把控

怡境文旅以全链条运营理念赋能大野牧乡，从前期规划设计到建设实施，再到后期运营管理实现全程把控[4]，通过科学的运营模式和精细化管理，确保项目品质的同时实现良好的经济效益，有效避免了建设过程中的无效投资，显著提升了整体投资回报率[5]。

2. 线上线下整合营销

该项目通过全域平台推广与自媒体矩阵建设，强化 IP 内容的独特性；结合全年节庆主题活动，积极开展跨界营销合作，拓展线下市场，实现线上线下的深度融合，从而显著提升了市场影响力与客源覆盖范围。

（四）空间利用创新

1. 生态导向与空间布局

该项目规划充分尊重基地原有生态资源和地貌特色，基于"大野牧乡"的品牌理念，打造"牧鲜谷"欢乐鲜奶乐园和"牧野郡"野奢度假聚落两大主题板块，实现了自然与农业、旅游的有机融合，塑造具有南方丘陵地貌特色的生态旅游目的地。

2. 点状供地与多元业态

该项目以林地资源为基础，以文旅运营需求反向指导用地规划，采用点状供地模式，在有限的土地资源上发展多元化的文旅业态。通过科学规划，既推动了农牧业的可持续发展，又显著提高了土地资源的综合利用效率。

三、成功要素：全链条运营与商业模式创新

怡境作为运营统筹方，依托 9 年文旅运营经验，为项目提供从战略规划到落地运营的全链条统筹服务。通过明确的流程管理和专业协作，确保项目从定位、设计、建设到运营的每个环节都符合既定目标，最终实现高品质落地。

怡境以"项目定位精准、设计方案落地、工程建设高效、运营管理持续优化"为核心，推进项目全链条各环节高效衔接与协同联动。

（一）全链条运营统筹

1. 前期规划统筹

基于对项目所在地——大野牧乡的地理环境、文化资源、市场需求及竞争格局的深入调研与分析，怡境文旅制定了精准的项目定位和差异化发展策略。通过系统的可行性研究，综合评估项目的建设投入、运营成本和市场前景，为投资决策提供专业参考。

2. 设计与营造统筹

怡境文旅秉持"生态优先、功能至上、文化融合"的设计理念，由专业团队打造与场地环境高度契合的景观和空间系统。在景观设计中，注重生态修复和自然重塑，优选本地植被和生态工法；在空间设计上，精选石材、瓦片和竹木等在地材料，打造原生牧场与田园烟火气息并存的体验环境，让游客感受到质朴自然的乡村氛围。

3. 文化构建统筹

文化构建是项目的核心价值载体。政府通过对地方文化的深度挖掘和创新性转化，形成独特的文化叙事，通过主题设定、活动策划及标识设计，提升项目的文化吸引力和认同感。

4. 工程建设统筹

工程建设阶段应严格遵循国家及地方的工程质量标准和验收规范，并建立多层次的质量监控体系，确保建设品质与进度的有效把控。

5. 运营管理统筹

运营管理阶段应制定完善的运营管理制度和流程，包括人员管理、服务标准和安全管理等。同时，制定精准的营销策略，通过线上和线下渠道进行品牌推广和市场宣传，策划丰富多彩的活动，提升项目知名度和游客黏性，促进可持续发展。

6. 持续迭代统筹

收集游客反馈的信息和市场信息，对项目进行评估和分析，并根据评估结果及时调整和优化各项环节，持续引入新的元素和理念，以适应市场变化和游客需求。

（二）EPC 管理与品质保障

项目采用 EPC（设计—采购—施工）总承包模式，由总承包商负责统筹协调设计单位、施工单位和供应商等多方资源，确保项目建设高效推进，实现预期品质目标[6]。通过明确职责分工、优化协作流程和强化品质管理，形成高效的协同机制，保障项目顺利实施。

四、从空间设计到价值转化

项目为空间创新驱动"牧野郡、牧鲜谷、牧风集"三位一体的复合型牧场(图3-4-3)。牧野郡依托天然草场构建星空帐篷和木屋等生态栖居空间，通过低干预建筑实现自然与现代美学的共生；牧鲜谷打造沉浸式鲜奶主题乐园，以场景化体验串联乳业全产业链 牧风集则聚集国际艺术家驻地和民宿集群等，激活土地文化价值。该项目通过空间叙事重构牧场基因，形成"生态保育＋产业升级＋文化赋能"的价值转化闭环，构建乡村振兴的创新范式。

图 3-4-3 大野牧乡功能分区

（一）空间价值构建

1. 牧鲜谷：体验场景

（1）牧鲜世界综合服务中心：牧鲜世界综合服务中心（图 3-4-4）是一座五层建筑，坐落于大野牧乡国际牧场园区主入口处。该建筑为古堡式建筑风格，巧妙融合了农业文化元素，与周边自然环境形成和谐统一的景观格局。首层设有游客服务中心和特色 IP 奶牛科普展厅，为游客提供生动有趣的科普体验。2~5 层为研学区域，配备 64 间研学房间，是游客深入了解相关奶牛知识的理想场所。该中心集票务服务、会议场所、研学空间、展览区域、咨询服务、住宿餐饮及文创精品店等功能于一体，是一个综合性的服务平台。

（2）鲜有集装箱市集：鲜有集装箱市集（图 3-4-5）采用灵活的可移动式建筑结构，汇集特色甜品、精致膳食、手工艺品及文创产品等业态。市集以牛奶为主题，打造了别具一格的美食文化街区。场内配备小型表演舞台，定期举办举办各类主题文化活动，为游客带来丰富的休闲娱乐体验。

（3）牧鲜谷乐园入口：牧鲜谷乐园入口区（图 3-4-6）集检票、休憩和交通集散等功能于一身，以奶牛元素塑造场景化入口空间。配套规划符合 5A 级景区标准的人车分流系统，实现游客与车辆的有序疏导。

（4）牧风之桥：牧风之桥（图 3-4-7）全长为 110m，其设计灵感来源于奶瓶造型。桥梁设计不仅能满足交通功能需求，而且还能通过夜间灯光系统的艺术化处理，营造出独特的视觉体验，使游客能够在白天欣赏广袤牧场与田园风光，在夜晚感受光影灯光的变换所带来的梦幻氛围。

（5）超牛塔：超牛塔（图 3-4-8）作为园区的核心地标，总高为 22m，观景台高度为 11m。设计融合了"牛泡泡"与"奶沫沫"的卡通形象，采用悬浮热气球的造型，给园区增加了创意性与趣味性，成为标志性地标。游客可穿过茂密的树林，沿着花径登上塔顶观景平台，360°俯瞰园区全景，领略"一览众山小"的壮阔景象。夜晚时分，超牛塔化身为光影秀的舞台，"牛泡泡"以梦幻的灯光效果与游客再次相见，为牧乡增添一抹童话般的浪漫与活力。

图 3-4-4 牧鲜世界综合服务中心

图 3-4-5 鲜有集装箱市集

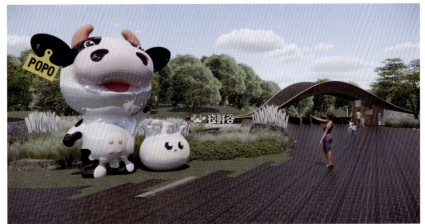

图 3-4-6 牧鲜谷乐园入口区

图 3-4-7 牧风之桥

图 3-4-8 超牛塔

（6）牛头堡峡谷乐园：由牛头堡峡谷乐园（图 3-4-9）和牛头堡餐厅（图 3-4-10）两大区域组成。奶牛奇谷是专为儿童设计的游乐天地，配备了种类丰富的无动力游乐设施和攀爬类器械，如蹦蹦云、滑梯、各式秋千、奶泡沙池和攀爬组合器械等，能够满足不同年龄的儿童的游玩需求。同时，该项目以奶牛 IP 形象为核心进行设计的游玩器械，呼应主题的同时，以奇趣外观激发孩子们的好奇心和探索欲。

图 3-4-9 牛头堡峡谷乐园

牛头堡餐厅以巨型牛头造型为外观特色，成为园区的标志性建筑。其内部空间融合奶牛元素与童话风格，通过主题墙饰、趣味灯具和互动装置，营造出别致的用餐氛围。餐厅主打奶牛主题儿童美食，并与临近的奶牛奇谷和奶牛溪谷等游乐设施形成联动，使美食体验融入园区游览路线。

图 3-4-10 牛头堡餐厅

（7）牛奶溪谷：牛奶溪谷（图 3-4-11）是孩子们的戏水乐园，设置了牛奶泡池、戏水池等戏水设施，让孩子们在炎炎的夏日尽情嬉水，感受清凉。

（8）亲近牧场：亲近牧场（图 3-4-12）分为亲亲牛牛、亲亲萌宠、亲亲羊羊和亲亲丛林四大主题区域，为游客提供与动物亲密互动的丰富体验。游客可以与奶牛明星合影，体验喂养奶牛的乐趣，观看趣味十足的小猪赛跑，或与羊驼亲密互动。此外，还能与稻鸭一起参与农作活动，感受田园生活的乐趣，收获新鲜果蔬。在原野有机餐厅，游客可以品尝到由新鲜有机食材烹制的美味佳肴，并在鲜谷剧场欣赏精彩的稻田舞蹈表演，感受人与自然和谐共生的田园牧歌。

（9）大野田园：大野田园（图 3-4-13）由大野餐厅和户外区域组成，户外区域分为蔬果之原、芳草之野、稻香之田和农事之趣四大主题板块。游客可在蔬果之原采摘新鲜蔬果，在芳草之野感受香草芬芳，在稻香之田体验农耕活动（如播种、耕作），在农事之趣参与互动游戏（如稻田抓鱼和稻田抓鸭）。大野田园将餐饮与田园体验相结合，打造集休闲、娱乐、学习于一体的综合性休闲场所。

（10）大野餐厅：大野餐厅（图 3-4-14）以山野风格为设计主题，建筑采用原木和石材等自然元素，与周边山景相融。在餐厅内，游客可以远眺牧风之桥和超牛塔等地标性景观，田园美景尽收眼底。在这片宁静的田园氛围中，游客在享用美食的同时，也能感受到闲适的牧歌时光。

（11）Momo 鲜奶中心：Momo 鲜奶中心（图 3-4-15）是一个集休闲、饮食、文化、研学为一体的综合活动中心，涵盖四大主题场所，分别为 Momo 烘焙 DIY 教室、Momo 甜品蛋糕屋、Momo 文创店和 Momo 鲜奶火锅店。Momo 鲜奶火锅作为餐厅的核心特色，以醇香牛奶和优质食材为基础，为顾客带来一场独特的美食体验。Momo 鲜奶中心紧邻华南地区最大的生态牧场——风行乳业华美牧场青龙基地，凭借不到 10 分钟的奶源运输距离，打造出了粤港澳大湾区内距离奶源最近的鲜奶中心。中心还提供多种 DIY 体验活动，让游客能够亲身体验鲜奶的烹饪乐趣。此外，中心还提供多种 DIY 体验活动，让游客能够亲身探索鲜奶的烹饪乐趣。

图 3-4-11 牛奶溪谷

图 3-4-12 亲近牧场

图 3-4-13 大野田园

图 3-4-14 大野餐厅

图 3-4-15 Momo 鲜奶中心

2. 牧野郡：生活场景

（1）牧野之源：牧野之源旨在营造轻奢度假氛围，将田园牧歌式生活与自然野趣有机结合。该场所依托森林泳池、特色餐饮和开阔草坪等场地资源，构建了一种新型户外野奢休闲模式。游客既可在山顶泳池体验畅游乐趣，亦可在沫野轩餐厅品味美食，还可选择在此举办别具一格的牧场婚礼，以铭记人生重要时刻。

（2）璞营地·牧乡：璞营地·牧乡独有的主题营地占地 3000m²。营地以开阔的大草坪为中心，环绕布置 14 座木屋帐篷（图 3-4-16），为游客打造观星露营和团建活动的理想场所。夜幕降临时，木屋星光与草原景致交相辉映，营造出独特的户外体验。

（3）璞墅营地·牧野（双层木屋）：璞墅营地·牧野（图 3-4-17）是位于最西侧的宿集，由 29 栋森林木屋组成。木屋有 70 m²的独栋木屋与 140 m²的双拼两种户型，采用"星空"与"森林"两大主题为特色。每栋配备儿童攀爬网等亲子娱乐设施，满足家庭度假需求。建筑群依林而建，与自然环境相融，为住客营造宁静舒适的度假空间。

图 3-4-16 璞营地·牧乡

（4）璞驿营地·星野(太空舱)：璞驿营地·星野（图 3-4-18）由 36 间奶牛造型太空舱组成，单舱面积为 25~38m²，客房设有四大主题，分别为奶牛亲子、星空科技、侘寂风格和田园风情。家庭套房配备独立客厅和卧室，空间布局注重功能性与舒适度，满足不同住客需求。

（5）璞墅营地·隐林(loft 木屋)：璞墅营地·隐林（图 3-4-19）是园区入口处的民宿，毗邻综合服务中心，采用 Loft 木屋建筑风格。其闹中取静的环境为游客打造一个舒适的世外桃源，为住客提供便捷且私密的休憩空间。

图 3-4-17 璞营地·牧野

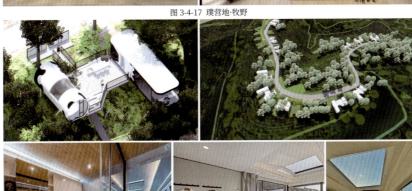

图 3-4-18 璞营地·星野

图 3-4-19 璞营地·隐林

（二）价值转化路径

1. 空间价值

大野牧乡充分利用南方丘陵地貌，因地制宜打造生态景观系统。园区以奶牛养殖为核心，大野牧乡通过"文旅＋产业"模式，构建生态农业、文化旅游和休闲娱乐三位一体的产业布局。这一创新模式不仅提升了土地利用效率，更创造了可观的产业附加值。作为城乡互动平台，大野牧乡推动城乡资源共享，为乡村振兴探索出一条可持续发展的新路。

2. 体验价值

大野牧乡高度重视游客体验，通过多元化设计满足不同人群的需求。在娱乐休闲方面，设置无动力游乐设施与动物互动项目，让游客在亲近自然中增进亲子关系；在文化科普方面，通过 5G 智慧奶牛厂参观和定制研学课程，展示现代农业生产流程与科技应用；在餐饮方面，以特色餐厅和本地食材为依托，推出"牧场盛宴"等特色菜品；在住宿方面，提供从特色民宿到星级酒店的多样化选择，让游客享受自然与宁静；在购物方面，以"MOMO"系列文创产品为特色，提升品牌形象。多元化的体验设计显著提高了游客重游率和满意度。

3. 文化价值

大野牧乡是乡村文化传承与创新的重要载体。它既通过展现的南方田园牧歌式生活满足了人们对悠闲自然生活的向往，又通过农业与养殖文化展示增强了游客对传统农耕文明的认同。作为乡村振兴示范项目，大野牧乡将本土文化元素融入建筑设计、景观布局和活动策划等各个环节，打造具有地方特色的文化品牌。

4. 产业价值

大野牧乡通过"文旅＋产业"模式实现了产业的多元化发展。实现了第一、第二和第三产业的深度融合，创新了传统农业发展模式；在经济效益方面，拓展了收入来源，提高了土地利用效率和产业附加值；在品牌建设方面，打造了特色品牌形象，扩大了市场影响力；在社会价值方面，促进了城乡融合发展，增加了农民收入；在生态建设方面，推动了生态农业发展，提升了生态旅游吸引力。项目实现了经济、社会和生态的协调发展。

大野牧乡通过空间、体验、文化和产业四大价值的转化路径，探索出乡村振兴的创新发展模式，为其他地区提供了借鉴。未来，大野牧乡将深化"文旅＋产业"融合的发展模式，持续挖掘本土文化资源，探索数字化农业与智慧旅游的深度结合，力争成为全国乡村振兴的示范性标杆项目，为乡村经济与文化振兴提供可持续发展路径。

五、结语：乡村振兴的创新典范与发展启示

大野牧乡国际牧场项目通过"文旅＋产业"的创新模式，成功实现了乡村价值的多维度重构。该项目在产业融合、产品服务、运营管理和空间利用4个维度的创新实践，展现了传统农业现代化转型的可能性，为乡村振兴提供了可复制、可推广的发展模式。

大野牧乡的成功可归纳为以下 4 个方面：建立全链条运营机制，确保规划到实施的高效协同；构建"政府资源方 + 国企投资方 + 市场运营方"的三方合作模式，实现资源整合与优势互补；通过 IP 打造与多元化体验设计，提升文化内涵与游客粘性；坚持生态优先的空间规划，实现经济效益与环境保护的平衡发展。

大野牧乡的实践证明，乡村振兴不仅需要产业升级，更需要通过创新模式激活乡村内生动力。这种将传统农业与现代文旅深度融合的发展路径，既为中国乡村振兴战略的实施提供了实践范例，也为乡村价值的重构开辟了新的发展空间。未来，随着项目的持续深化与完善，大野牧乡有望成为引领中国南方"田园牧歌"式新生活方式的标杆项目，为乡村振兴贡献更多实践经验。

参考文献：

[1] 孔俊婷,杨超.乡村振兴战略背景下田园综合体发展机制构建研究[J].农业经济,2019,(01):31-33.

[2] 金媛媛,王淑芳.乡村振兴战略背景下生态旅游产业与健康产业的融合发展研究[J].生态经济,2020,36(01):138-143.

[3] 戴明明.文旅融合背景下乡村旅游产品开发研究[J].西部旅游,2022,(11):4-7.

[4] 恽爽.运营前置推进城市更新规划实施[J].城市设计,2022,(03):14-21.

[5] 龚宇.运营前置模式下的美丽乡村建设新路径研究[J].西部旅游,2023,(19):82-84.

[6] 李颂东.EPC总承包模式设计管理研究[J].建筑经济,2012,(07):68-70.

永续营境

SUSTAINABLE ENVIRONMENT CONSTRUCTION

后记

筑梦永续，共建未来

搁笔之际，思绪万千。回想本书的创作历程，如同一次充满挑战却又收获满满的旅程。从最初的构思到最终的成稿，我不断地学习、思考和探索，试图将"永续"的理念融入城乡规划设计的不同层面，希望能为构建更美好的未来贡献一份力量。这本书不仅是文字的表达，更是一场与自己和外部世界的深度对话。在此，我想分享一些有关这本书背后的故事和一些未尽之言。

永续营境的全貌

永续营境是一本关于城乡规划与景观设计的书，但其意义远超设计本身。作为一个系统性议题，它探索如何将生态、文化、社会以及经济等多维度要素融合，追求人与自然的和谐共生。这不仅是城乡规划设计的核心思想，更是景观设计不可回避的责任。

永续生态，从自然与生态系统的角度出发，探讨城乡环境如何与自然共生。无论城市扩张中的生态破碎化，还是乡村复兴中的资源错配问题，都表明我们需要一种尊重生态秩序、包含自然肌理的规划思维。景观设计师与规划师在其中扮演的从来都不只是"设计者"的角色，而是协调人与环境关系的"修复者"的角色。自然并非取之不尽、用之不竭的资源，而是需要我们精心呵护的家园。尊重自然规律、保护生态平衡是实现永续营境的基石。

怡人生境，重点转向人文体验和人居环境的改善。城乡规划的最终目标，归根结底是改善人的生活质量，而景观设计更是通过环境营造塑造人的幸福感与归属感。设计师设计的不只是绿地或社区，而是一种能够承载记忆、满足需求、延续文化脉络的生活场所。人是设计的核心，不管是城市的空间布局，还是乡村的景观营造，都需要重新平衡人与环境的关系。舒适的居住环境不应以牺牲生态为代价，而应与自然融为一体，让人们在享受现代生活便利的同时，也能感受到自然之美，体验到人与自然的和谐共生。

经营思维，则是将规划与设计从理念转化为实践的关键。没有经济驱动力的城乡发展注定难以持续，但若追求短期利益，牺牲环境与公共福祉，则会带来更深层的问题。本书强调了"全链条运营"与"可持续经营"的重要性：项目如何实现生态保护与商业价值共赢？设计如何激发地方经济活力？城乡规划又该如何因地制宜，平衡政府、开发者与公众的多方利益？这些核心问题不仅事关设计，更事关城乡社会系统的整体存续。

以上 3 个章节合在一起，就形成了一个系统的框架，即生态是底线，人性是核心，经济是驱动力。而在这三者之上，更需要用规划与景观设计的角度加以整合。

为何要谈永续营境？

这个问题贯穿了我的整个写作过程。在当今快速发展的时代，城乡环境正经历着前所未有的剧变：城市以惊人的速度扩张，乡村肌理和自然环境正被侵蚀，高楼大厦取代了街巷肌理，钢筋水泥覆盖了良田绿地。这种变迁的方向与速度值得我们深思。

如果说上一代的使命是"建设"，那么这一代的使命则是"修复"。我们需要修复城市与乡村、人与自然之间的裂痕，重建环境韧性、延续文化记忆、恢复土地生产力。这也是选择"永续营境"作为书名的深层原因。

在整个写作期间，我也不断被"城乡边缘区"的话题所吸引：如何通过景观规划与设计来缓解由城市膨胀和乡村空心化带来的矛盾？如何通过设计激活人与自然的对话？这促使我重新思考城乡关系，将其视为一个相辅相成、互相赋能的有机整体。

写作过程也是不断反思与学习的历程。面对理论与实践的差距，以及经济发展与环境保护的矛盾，我逐渐认识到，永续营造并不是一成不变的，而是一种需要持续学习、适应和创新的动态平衡。这些思考不仅构成了本书的核心内容，也将指导未来的实践探索。

关于未来的继续探索

对规划设计者而言，完成一项设计或著作并非终点，而是新的起点。《永续营境》的完成只是这一探索旅程中的一步。书籍虽可凝固知识，却难以完全捕捉瞬息万变的发展趋势。因此，我想就城乡规划与景观设计提出以下关键性思考：一是城乡韧性建设，即面对极端天气、人口流动和资源紧缺等挑战，如何构建更具适应力的城乡体系；二是科技赋能设计，即绿色智慧城市的发展将如何重塑未来景观设计；科技创新能否为城乡可持续发展提供新动能；三是公众参与机制，即如何突破传统"技术提供者"的角色定位，构建更有效的公众参与机制，使公众成为规划设计的真正参与者。

这些问题虽指向未知，却正是规划设计最具价值之处——立足当下，展望未来，探寻可能的解决方案。永续营造的发展将深受科技进步、政策支持和公众参与的影响。我期待这本书能成为读者探索永续营造的起点，引发对人与自然关系的深度思考，推动更负责任的环境建设实践，为后代创造更美好的未来。

对读者的感谢与期望

无论你是专业设计师或学者，还是对城乡规划与景观设计感兴趣的读者，感谢你愿意阅读这本书。我坚信，每个人，无论身处城市还是乡村，都有参与"永续"的可能。

规划设计行业肩负着双重使命：为当下创造更好的环境，同时为未来的土地预留发展空间。所有美好的愿景，唯有通过实践才能真正实现。如果这些设计理念能引起你的共鸣，哪怕只是让你多关注一个被忽视的乡村角落或城市绿地，它的使命就已经达成了一半。

我由衷地感谢所有支持和帮助过我的人。感谢家人的理解与支持，让我能专注写作；感谢朋友们的鼓励与建议，推动我不断进步；更要感谢每一位读者，是你们赋予了这本书存在的意义。

同时，我还要特别的感谢参与本书编写的所有同伴和团队成员侯泓旭、何盈、严嘉琪、符益东等，正是你们的专业支持、辛勤付出和智慧贡献，才让这本书得以呈现出如今的样貌。无论是资料的整理、案例的分析，还是文字的润色与校对，你们的努力都让我深感幸运与感激。

未来，我期待能继续与你们对话——或许在下一本书中，或许在规划与景观设计的实践项目里。让我们携手同行，以行动播种希望，共同编织一个可持续的生态未来。

筑梦永续，共建未来。